智能制造领域高素质技术技能型人才培养方案精品教材

高职高专院校机械设计制造类专业"十四五"系列教材

液压与气动技术实训指导

YEYA YU QIDONG JISHU

SHIXUN ZHIDAO

主　编◎王文深　刘　旭

副主编◎毛　文　戴本尧

参　编◎黄知洋　徐剑敏　金玉坚

主　审◎张海南

华中科技大学出版社

http://www.hustp.com

中国·武汉

内 容 简 介

本书为高职高专院校机械类、机电类专业液压与气动实训教学用书。本书分为液压传动实训和气压传动实训两个部分。其中,液压传动实训包括智能液压传动综合实训台简介、液压元件拆装与结构分析实训和液压回路综合实训等内容;气压传动实训包括气动综合实训台简介、气动基本回路实训和气动综合实训等内容。书中详细介绍了每个实训项目的目的、原理及操作方法和步骤,对各个实训使用的设备做了详细介绍,并附有每个实训的实训报告。

图书在版编目(CIP)数据

液压与气动技术实训指导/王文深,刘旭主编.—武汉:华中科技大学出版社,2019.6(2024.1重印)
ISBN 978-7-5680-5184-2

Ⅰ.①液…　Ⅱ.①王…②刘…　Ⅲ.①液压传动-高等职业教育-教材　②气压传动-高等职业教育-教材
Ⅳ.①TH137②TH138

中国版本图书馆 CIP 数据核字(2019)第 129465 号

液压与气动技术实训指导

Yeya yu Qidong Jishu Shixun Zhidao

王文深　刘　旭　主编

策划编辑:张　毅
责任编辑:张　毅
封面设计:孢　子
责任监印:朱　玢
出版发行:华中科技大学出版社(中国·武汉)　　电话:(027)81321913
　　　　　武汉市东湖新技术开发区华工科技园　　邮编:430223
录　　排:匠心文化
印　　刷:武汉市籍缘印刷厂
开　　本:787mm×1092mm　1/16
印　　张:7
字　　数:172 千字
版　　次:2024 年 1 月第 1 版第 4 次印刷
定　　价:29.00 元

　　实训教学是培养学生实践能力和创新能力的重要环节,先进的实训教学理念和一流的实训设备是培养高素质技能型人才的必要条件。针对原有液压与气动实训教学模式和教学内容体系中存在的验证性、单一性、公式化的问题,我们总结了多年来的实践教学经验,对液压与气动课程实训的教学内容进行了全面改革,更新了实训设备,大力开发启发性、综合性、设计性实训项目,实现实训内容由单一性向综合性转变,实训方法由示范性、验证性向参与性、开发性、设计性转变。在此基础上,我们编写了本书。

　　本书内容分为液压传动实训和气压传动实训两个部分。液压传动实训主要在 YZ-02 型智能液压传动综合实训台上进行,此实训台具有强大的快速组装、数据采集及实验仿真功能,不但可以帮助学生很好地完成基本液压传动与流体力学相关基础性实训,也可以帮助学生完成液压传动设计创新等综合性实训,是目前国内较先进的液压综合教学实训设备。气压传动实训在 QDA-01 型气动 PLC 控制的综合实训台上进行,此实训台是具有继电器控制、PLC 控制、触摸屏操作、快速组装性能的综合性气动实训台,是目前国内较先进的气动综合教学实训台。这些实训设备为综合性、设计性实训的教学提供了硬件保证。

　　本书采用先进的实训教学理念,突出实训的实用性、创新性及设计性,其中设计性实训只给出实训条件和实训设备,实训方案和过程均由学生独立完成,以达到提高学生创新能力的目的。

　　本书既可作为高职高专院校机械类、机电类专业的教材,也可以供从事液压设备使用和维护的现场技术人员参考。

　　本书由浙江工贸职业技术学院王文深、江苏农林职业技术学院刘旭担任主编,浙江工贸职业技术学院毛文、戴本尧担任副主编,浙江工贸职业技术学院黄知洋、徐剑敏以及温州市职业中等专业学校金玉坚参与部分章节的编写。本书由台州职业技术学院张海南教授担任主审。

　　本书在编写过程中得到了有关院校和企业,特别是昆山巨林科教实业有限公司的大力支持和帮助,在此一并表示衷心的感谢。

　　限于编者的水平和经验,书中不妥之处在所难免,恳请广大读者批评指正。

编　者

2019 年 3 月

第 1 部分
液压传动实训

1

第 1 部分为液压传动实训,主要内容包括智能液压传动综合实训台简介、液压元件拆装与结构分析实训、液压回路综合实训等。

◀ 1.1 智能液压传动综合实训台简介 ▶

图 1.1 所示为 YZ-02 型智能液压传动综合实训台,由实训操作平台、电气控制平台、辅助实训设备、电脑桌、数据采集系统、上位机组态仿真控制系统等组成,具有强大的数据采集、实训仿真功能,全模块开放式结构设计,并配有强大的扩展功能,不但可以帮助学生很好地完成液压传动与流体力学相关基础性实训,完全开放式的接口还可帮助学生完成液压传动的设计创新等综合性实训。此实训台能充分满足教学需求、学生实践与培训需求、科研辅助需求等,是专门设计的从基础到高端、从教学到科研的液压教学实训台。

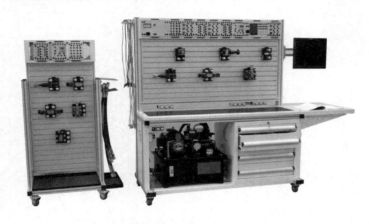

图 1.1　YZ-02 型智能液压传动综合实训台

1.1.1　设备主要特点

(1) 实训用电的安全性:本实训台采取高低压电分开方式,380 V 泵站用电采取独立控制结构,并配置电动机软启动系统(自带过载保护、过热保护、短路保护、漏电保护);实训模块用电全部为 DC 24 V 低压供电,保证学员用电时的安全。

(2) 电气元件:所用电气元件全部采用国际国内知名厂家元器件,性价比高,性能稳定,安全系数高。

(3) 液压元件:全部采用北京华德液压工业液压元件,使用安全可靠,贴近工业化,性能参数完全符合教学大纲的要求,且完全符合工业应用标准,所有液压阀均配置专用的弹卡式安装液压连接板。

(4) 唯一性:液压电磁阀接头采用一体化结构,可方便、快捷接线,并解决了端子头脱落、断线等问题。

(5) 独特设计性:专用安全防系统憋压装置——此系统独特性解决了其他厂家所不能解决的油管和液压元件使用过程中的憋压现象,大大提高了元器件的使用性,也大大提高了设备的教学性。

（6）标号使用性：各模块有独立标号（订货号），可方便教师管理模块，也方便维修和使用（维护时只要报标号就可以确定维修项目）。

（7）实训回路搭接：采用意大利进口平面型快速接头连接，每个接头都配有带自锁结构的单向阀（即使实训过程中接头未接好而脱落，亦不会有压力油喷出，保证实训安全），并带有安全锁功能，防止实训过程中接头脱节。平面型接头的优点在于连接时夹气量少，避免大量空气进入油路破坏系统，同时也避免灰尘侵入造成油路的污染，并在拔断时无泄漏，避免油液、油压损失和环境污染。

（8）实训控制方式多样化：实训回路可运用机械控制、传统的继电器控制、先进的 PLC 自动控制等多种控制技术，让学员全方位、多层次地深入了解液压系统的控制多样化，从而锻炼学员的灵活应用能力。

（9）实训设备的扩展性：实训方案可根据具体要求进行配置，也可对实训设备增加相应的模块盒来实现对实训台功能的扩展，所有模块盒都采用通用设计标准，可方便、随意地扩展。

（10）可编程控制器（PLC）能与 PC 机通信：实现电气自动化控制，可进行在线编程监控及故障检测，还可以运用 PC 机与 PLC 对液压控制系统进行深入的二次开发等。

（11）精密的测量仪器：配备先进的数据测量仪器，取代传统的测量工具，使用简单，测量精确可靠，所有测量传感器全部采用工业型传感器，更贴近工业现场。

（12）优良的液压供油系统：液压油泵采用法兰安装方式，大大减小了工作运行噪声，并且液压供油系统在常规的基础上增加了调节系统，更加可靠地确保了实训过程中的供油稳定性。

（13）设备的安全等级性：实训台设计完全按照国家安全标准执行，所有电气控制均有接地保护、过载保护、短路保护、漏电保护等功能，高低压分开供电；液压泵站采用低压系统，在安全供压的基础上完全满足实训要求，整套设备具有较高的安全使用性能。

1.1.2　实训装置组成

实训装置由实训工作台、辅助设备、常用液压元件、液压泵站、电气控制单元、测试用传感器等几部分组成。

一、实训工作台

（1）钣金桌面：配有 U 形油盘，表面经特殊防锈、烤漆处理。

（2）主体框架：采用工业铝型材制作，并有 T 形槽、端面压条和封盖，整个实训台结构合理、造型美观。

（3）铝型材面板：T 形槽间距 50 mm，槽宽 10.1 mm，150 mm×20 mm 规格，横向开槽，表面阴极氧化处理。

（4）工具柜：实训台配备 4 抽屉重载型工业元件工具柜，可存放液压元件、文件资料等。单个抽屉承重 80 kg 以上，具有位置标签。

（5）实训台桌面配套漏油过滤网板，并具有残油回收功能。

二、辅助设备与液压元件

（1）液压过渡底板：高强度铝合金加工而成，表面阳极氧化处理，表面颜色黑色。

（2）台制弹卡：ABS 工程塑料模具制作，一体化注塑成形，表面磨砂处理，双卡槽一体化固定方式(牢固、可靠),表面颜色与液压过渡底板一致。

(3)接口:ABS 半透明材料制作,安装固定一红一黑护套插座,并有 DC 24 V 接线标识。

(4)液压元件:采用国际国内知名品牌北京华德液压工业液压元件。

(5)快速接头:意大利原装进口件,平面接头,不漏油,带自锁功能,保障实训室及实训台的清洁和安全性。

(6)标识:激光雕刻各个液压油口,且每个组件都具有图形符号、中文名称、原理图标识、防伪码等。

三、设备标准配置

设备标准配置如表 1.1 所示。

表 1.1 设备标准配置

序号	名称	数量	订货号	厂家
实训台				
1	实训台	1 套	3062 3354 16x	巨林科教
2	液压泵站	1 套	3062 3354 0930	巨林科教
3	电脑辅助桌面	1 套	3062 3354 082x	巨林科教
4	显示器支架	1 套	3062 3354 0821	巨林科教
5	辅助实训台	1 套	3062 3354 0822	巨林科教
电气模块(标配)				
1	S7-200 PLC 控制器单元	1 套	3062 3354 3603 2542	巨林科教
2	时间继电器单元	1 套	3062 3354 3603 1244	巨林科教
3	计数器单元	1 套	3062 3354 3603 1245	巨林科教
4	直流继电器单元	2 套	3062 3354 3603 1243	巨林科教
5	电信号开关单元 1	2 套	3062 3354 3603 1240	巨林科教
6	电信号开关单元 2	1 套	3062 3354 3603 1241	巨林科教
7	电源接口扩展单元	1 套	3062 3354 3603 1246	巨林科教
8	直流电源单元	1 套	3062 3354 3603 2540	巨林科教
9	数据采集系统	1 套	3062 3354 2429 1378	巨林科教

四、液压泵站

液压泵站由三相电动机、变量叶片泵、单向阀、风冷器、空气滤清器、油温油面计、压力表等组成。

液压泵站与实训台一体安装,具有电气过载、缺相保护等功能,配置专用软启动器、防系统憋压装置,控制系统全部使用国际知名厂商 ABB 电器。

(1)变量叶片泵:1 台,公称排量 6.67 mL/r,额定压力 6.3 MPa。

（2）变量叶片泵驱动电动机：(1±10%)AC 380 V,50 Hz, 1.5 kW,绝缘等级 B。

（3）风冷器：流量 25 L/min。

（4）专用安全防憋压装置：液压、电气一体化设计结构,防止实训中有憋压现象。

（5）安装：与电动机键槽插入式一体化安装,保证运行噪声不高于 65 dB。

（6）油箱：公称容积不小于 60 L(附有液位、油温指示计及吸油回油滤油器、空气滤清器、风冷却器等)。

（7）液压油：32♯抗磨液压油。

五、测试用传感器

（1）压力传感器：精度等级 0.5 级,量程 0～10 MPa。

（2）涡轮式流量计：精度等级 0.5 级,量程 0～10 L/min。

（3）功率变送器：精度等级 0.5 级,量程 0～5 kW 。

（4）温度传感器：精度等级 0.5 级,量程－10～150 ℃。

（5）位移传感器：精度等级 0.5 级,量程 0～300 mm。

1.1.3 实训项目

一、基本液压元件性能测试实训

（1）液压泵性能测试；

（2）直动式溢流阀性能测试；

（3）先导式溢流阀性能测试；

（4）减压阀性能测试；

（5）调速阀性能测试；

（6）节流阀性能测试。

二、液压传动基本回路实训

1. 压力控制回路

（1）溢流阀调压回路；

（2）溢流阀单级远程调压回路；

（3）溢流阀限制低压回路。

2. 调压回路

（1）一级减压回路；

（2）二级减压回路。

3. 卸荷回路

（1）三位四通电磁换向阀卸荷回路；

（2）二位三通电磁换向阀卸荷回路；

（3）溢流阀卸荷回路。

4. 稳压回路

液控单向阀保压回路。

5. 卸压回路

(1) 节流阀卸压回路;

(2) 顺序阀卸压回路。

6. 速度控制回路

(1) 进油节流调速回路;

(2) 回油节流调速回路;

(3) 旁路节流调速回路;

(4) 调速阀控制的调速回路;

(5) 电磁阀和调速阀串联的减速回路;

(6) 调速阀串联的二次进给回路;

(7) 调速阀并联的二次进给回路;

(8) 节流阀串联的二次进给回路;

(9) 节流阀并联的二次进给回路;

(10) 二位三通控制的差动回路;

(11) 三位四通控制的差动回路;

(12) 差动增速换接回路。

7. 同步回路

(1) 节流阀控制的同步回路;

(2) 双缸同步回路;

(3) 调速阀控制的同步回路。

8. 方向控制回路

(1) 换向阀控制的换向回路;

(2) 顺序阀控制的顺序动作回路;

(3) 行程开关控制的顺序动作回路;

(4) 压力继电器控制的顺序动作回路。

9. 锁紧回路

(1) 换向阀锁紧回路;

(2) 液控单向阀锁紧回路;

(3) 单向阀锁紧回路。

10. 平衡回路

(1) 液控单向阀平衡回路;

(2) 顺序阀控制的平衡回路。

三、PLC 电气控制实训

(1) PLC 指令编程、梯形图编程等基础知识的学习与应用;

(2) PLC 编程软件的学习与使用;

(3) PLC 与计算机的通信,在线调试、监控;

（4）组态软件与PLC通信以及监控实训学习。

1.1.4　实训台主要技术参数及配置清单

（1）电源：国家标准工业用电——AC 380 V、50 Hz,三相五线制。

（2）控制电压：安全控制电压——DC 24 V。

（3）使用环境要求：防潮、防尘环境。

（4）系统总功率：不大于 2 kW。

（5）系统安全使用压力：不大于 6.3 MPa。

（6）主实训台尺寸：约 2050 mm×720 mm×1720 mm。

（7）辅助设备尺寸：约 840 mm×460 mm×1360 mm。

（8）重量：约 320 kg。

YZ-02 型液压传动实训台电气模块配置清单如表 1.2 所示。

表 1.2　YZ-02 型智能液压传动实训台电气模块配置清单

模块名称	订货号	主要配件	数量	厂家及备注
S7-200 PLC 控制器单元	3062 3354 3603 2542	模块盒	1 套	巨林科教 尺寸 164×252×94
		面板		
		船型开关		
		电脑电源接口		
		S7-200CPU224 继电器		
		护套插座		
时间继电器 单元	3062 3354 3603 1244	模块盒	1 套	巨林科教 尺寸 164×126×94
		面板		
		时间继电器		
		护套插座		
计数器 单元	3062 3354 3603 1245	模块盒	1 套	巨林科教 尺寸 164×126×94
		面板		
		计数器		
		护套插座		
直流继电器 单元	3062 3354 3603 1243	模块盒	2 套	巨林科教 尺寸 164×126×94
		面板		
		直流继电器		
		指示灯		
		护套插座		

模块名称	订货号	主要配件	数量	厂家及备注
电信号开关单元1	3062 3354 3603 1240	模块盒	2套	巨林科教 尺寸 164×126×94
		面板		
		复位按钮		
		护套插座		
电信号开关单元2	3062 3354 3603 1241	模块盒	1套	巨林科教 尺寸 164×126×94
		面板		
		复位按钮		
		二位旋钮		
		护套插座		
电源接口扩展单元	3062 3354 3603 1246	模块盒	1套	巨林科教 尺寸 164×126×94
		面板		
		护套插座		
直流电源单元	3062 3354 3603 2540	模块盒	1套	巨林科教 尺寸 164×252×94
		面板		
		直流开关电源板		
		电压表		
		船型开关		
		指示灯		
		电脑电源接口		
		护套插座		
数据采集系统	3062 3354 2429 1378	模块盒	1套	巨林科教
		面板		
		PCI1713U 采集卡接线端子		
		直流开关电源板		
		转速表		
		位移表		
		功率表		
		温度变送器		
		船型开关		
		电脑电源接口		
		航空插头		

实训台配置清单如表 1.3 所示。

表 1.3　实训台配置清单

序号	名称	规格型号	数量	备注
		实训操作台		
1	实训台	8040 和 4040 铝型材搭接而成	1 台	巨林科教
2	辅助实训台	5020 和 4040 铝型材搭接而成	1 套	
3	电脑辅助桌面	1.2 mm 钣金件,表面喷塑喷漆处理	1 套	
4	显示器支架	铸铝件,可 180°旋转	1 套	
		液压泵站		
1		剩余漏电保护器 GS261-B6/0.03	1 只	ABB
2		电动机启动器 MS116-6.3	1 只	ABB
3		交流接触器 A9D -30-10×80	1 只	ABB
4	专用泵站控制系统 (1 套)	220 V 继电器	1 只	ABB
5		按钮盒、急停按钮盒	各 1 只	ABB
6		按钮(红、绿)	各 1 只	ABB
7		旋钮、急停按钮	各 1 只	ABB
8		不锈钢软保护线管	2 根	巨林科教
9	变量叶片泵＋驱动电动机	额定排量:6.67 mL/r 额定压力:6.3 MPa 额定功率:1.5 kW 额定电压:AC 380 V	1 套	巨林科教
10	油箱	额定容积:60 L	1 只	巨林科教
11	空气滤清器	HS-1163	1 只	登胜液压
12	吸油滤油器	MF-04	1 只	登胜液压
13	插装式溢流阀	CRV-20L-10M-082	1 只	金油压
14	压力继电器	HED80A1X/100Z14KW	1 只	华德液压
15	液压集成块	—	1 套	巨林科教
16	油温油面计	LS-3	1 只	登胜液压
17	单向阀	S10A12B/	1 只	华德液压
18	风冷器	AW0607-CA1Φ220V	1 只	黎明液压
19	压力表	YN-60 0～10 MPa	1 只	海天液压
20	油管	1.5 m	3 根	巨林科教

续表

序号	名称	规格型号	数量	备注
		液压配件		
1	双作用液压缸组件	元件型号:MOB-40×200-LB 最大行程:200 mm 缸径:40 mm 组件型号:JY-ϕ40-S200-2F	2只	正控液压
2	节流阀截止阀组件	元件型号:DV12-1-10B/2 组件型号:JY-DX-1F-1M	2只	华德液压
3	单向阀组件	元件型号:S10A12B/ 组件型号:JY-S10-1F-1M	2只	华德液压
4	液控单向阀组件	元件型号:SV10PB1-30B/ 组件型号:JY-SV10-3F	2只	华德液压
5	溢流阀(直动式)组件	元件型号:DBDH6P10B/100 组件型号:JY-DH6P-2F	1只	华德液压
6	溢流阀(先导式)组件	元件型号:DB10-1-50B/100U 组件型号:JY-DB10-3F	1只	华德液压
7	顺序阀组件	元件型号:DZ6DP1-50B/75Y 组件型号:JY-DZ6-3F	2只	华德液压
8	单向调速阀组件	元件型号:2FRM5-31B/15QB 组件型号:JY-2FRM5-2F	2只	华德液压
9	减压阀组件	元件型号:DR6DP1-5XB/75Y 组件型号:JY-DR6-2F	1只	华德液压
10	二位三通电磁换向阀组件	元件型号:3WE6A61B/CG24N9Z5L 组件型号:JY-3WE6A-3F	2只	华德液压
11	二位四通电磁换向阀组件	元件型号:4WE6C61B/CG24N9Z5L 组件型号:JY-4WE6C-3F	2只	华德液压
12	三位四通电磁换向阀(O)组件	元件型号:4WE6E61B/CG24N9Z5L 组件型号:JY-4WE6E-3F	1只	华德液压
13	三位四通电磁换向阀(M)组件	元件型号:4WE6T61B/CG24N9Z5L 组件型号:JY-4WE6T-3F	1只	华德液压
14	三位四通手动换向阀组件	元件型号:4WMM6E50B/ 组件型号:JY-4WMM6E-3F	1只	华德液压
15	压力继电器组件	元件型号:HED80A1X/100Z14KW 组件型号:JY-HED8-1M	2只	华德液压
16	四通组件	组件型号:JY-4T-3F	3个	巨林科教
17	三通组件	组件型号:JY-3T-3F	3个	巨林科教

续表

序号	名称	规格型号	数量	备注
18	甘油式压力表组件	组件型号:JY-10MPa-1F-1M	4 只	海天液压
19	高压油胶管组件	组件型号:10-1-25.6MPa-2M-0.8	10 根	巨林科教
20	高压油胶管组件	组件型号:10-1-25.6MPa-2M-1.0	10 根	巨林科教
21	液压阀过渡底板	液压阀专用底板带快速弹卡	18 块	巨林科教
22	快换接头阳接头	原装进口件 PLT-6	91 只	意大利
23	快换接头阴接头	原装进口件 PLT-6	57 只	意大利
24	进油分油组件	组件型号:4P-4F	1 套	巨林科教
25	回油分油组件	组件型号:4T-4F	1 套	巨林科教
26	电磁阀座	工程塑料,专业开模制作	8 只	巨林科教
27	液压油	32# 抗磨液压油	60 L	中石油
28	滤油网板	表面经亚光喷塑喷漆处理	1 块	巨林科教
29	加载板	45# 钢板	1 块	巨林科教

实训导线

1	护套插座的连接导线	红色,长 60 cm	10 根	巨林科教
2	护套插座的连接导线	黑色,长 60 cm	10 根	巨林科教
3	护套插座的连接导线	红色,长 80 cm	10 根	巨林科教
4	护套插座的连接导线	黑色,长 80 cm	10 根	巨林科教
5	护套插座的连接导线	红色,长 15 cm	10 根	巨林科教
6	护套插座的连接导线	黑色,长 15 cm	10 根	巨林科教

数据采集系统

1	计算机	带 PCI 插槽、COM 接口,全国联保	1 台	HP 品牌机
2	显示器	17 寸液晶显示器	1 台	HP 品牌机
3	数据采集卡	PCI-1713U	1 块	研华科技
4	数据采集线缆	PCL-10137	1 根	研华科技
5	压力传感器	PT110S-10MG4131,4～20 mA 信号输出	2 只	上海奇正
6	流量传感器	LWGY-6,4～20 mA 信号输出	1 只	上海虹益
7	温度传感器	RWB Pt100,4～20 mA 信号输出	1 只	北京赛斯尔
8	功率变送器	DP3,0～5 kW,4～20 mA 信号输出	1 只	华能仪表
9	位移传感器	NS -WY03,0～300 mm, 4～20 mA 信号输出	1 只	上海天沐

续表

序号	名称	规格型号	数量	备注
10	连接电缆	2 m	2 根	巨林科教
附件				
1	接近开关	DC 24 V,二线制	4 只	工业件
2	接近开关专用支架	工程塑料,专业开模制作	4 套	巨林科教
3	PLC 编程电缆	PC-PP1	1 根	SIEMENS
4	电脑电源线	AC 220 V	2 根	标准件
5	电源插排	AC 220 V,三孔	1 个	公牛
6	产品使用手册	说明书、指导书	1 册	巨林科教
7	液压图册	—	1 册	巨林科教
8	液压仿真回路	20 余种液压仿真回路	1 套	巨林科教
9	流量传感器说明书	随产品配送	1 册	巨林科教
10	光盘	PLC 编程软件、手册,组态软件、液压仿真回路等	1 套	巨林科教
11	T 形螺钉、碟形螺母	—	10 套	巨林科教
12	护套插座	红、黄、蓝、黑	各 2 个	巨林科教
13	电磁阀座	工程塑料,专业开模制作	5 套	巨林科教
14	复位按钮开关	AB6Q-M2GC	2 只	标准件
15	电气信号指示灯	MLBL-DC24	2 只	标准件
16	设备维修必备工具	内六角扳手(九件套)1 套、螺丝刀(九件套)1 套、活动扳手(12 寸)2 把、尖嘴钳 1 把	1 套	标准件

1.2 液压元件拆装与结构分析实训

1.2.1 齿轮泵拆装与结构分析

一、实训目的

(1)进一步理解常用齿轮泵的结构组成及工作原理。

(2)掌握正确的拆卸、装配及安装连接方法。

(3)掌握常用齿轮泵维修的基本方法。

二、实训用齿轮泵、工具及辅料

（1）实训用齿轮泵：CB-B 型外啮合齿轮泵。

（2）工具：内六角扳手、固定扳手、螺丝刀、卡簧钳等。

（3）辅料：铜棒、棉纱、煤油等。

三、实训要求

（1）实训前认真预习，搞清楚相关齿轮泵的工作原理，对其结构组成有一个基本的认识。

（2）针对不同的液压元件，利用相应工具，严格按照其拆卸、装配步骤进行，严禁违反操作规程私自进行拆卸、装配。

（3）实训中弄清楚常用齿轮泵的结构组成、工作原理，以及主要零件、组件的特殊结构的作用。

四、实训内容及注意事项

在实训教师的指导下，拆解外啮合齿轮泵，观察、了解各零件在液压泵中的作用，了解齿轮泵的工作原理，按照规定的步骤装配齿轮泵。

型号：CB-B 型齿轮泵。

结构：齿轮泵结构如图 1.2 所示。

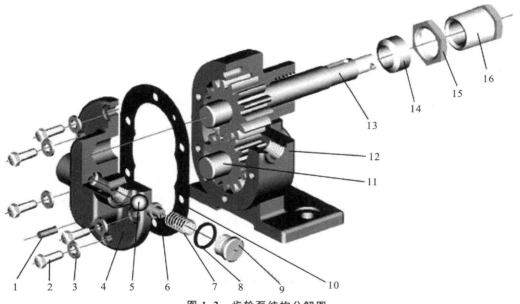

图 1.2 齿轮泵结构分解图

1—圆柱销；2—螺栓；3—垫圈；4—泵盖；5—钢珠；6—钢珠定位圈；7—弹簧；8—小垫片；9—螺塞；
10—垫片；11—从动齿轮轴；12—泵体；13—主动齿轮轴；14—填料；15—锁紧螺母；16—填料压盖

1. 工作原理

如图 1.3 所示，在吸油腔，轮齿在啮合点相互从对方齿槽中退出，密封工作空间的有效容积不断增大，完成吸油过程。在排油腔，轮齿在啮合点相互进入对方齿槽中，密封工作空间的有效容积不断减小,实现压油过程。

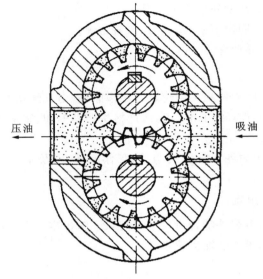

压油　　　　　　　　　吸油

图 1.3　外啮合齿轮泵的工作原理

2．拆装步骤

(1) 拆解齿轮泵时,先用内六角扳手在对称位置松开 6 个紧固螺栓,之后取掉螺栓,取掉定位销,掀去前泵盖,观察卸荷槽、吸油腔、压油腔等结构,弄清楚其作用,并分析工作原理。

(2) 从泵体中取出主动齿轮及轴、从动齿轮及轴。

(3) 分解端盖与轴承、齿轮与轴、端盖与油封。

(4) 装配步骤与拆卸步骤相反。

3．拆装注意事项

(1) 拆装中应用铜棒敲打零部件,以免损坏零部件和轴承。

(2) 拆卸过程中,遇到元件卡住的情况时,不要乱敲硬砸,请指导老师来解决。

(3) 装配时,遵循先拆的零部件后安装、后拆的零部件先安装的原则,正确合理地安装,弄脏的零部件用煤油清洗后才可安装,安装完毕后应使泵转动灵活平稳,没有阻滞、卡死现象。

(4) 装配齿轮泵时,先将齿轮、轴装在后泵盖的滚针轴承内,轻轻装上泵体和前泵盖,打紧定位销,拧紧螺栓,注意使其受力均匀。

五、主要零件分析

轻轻取出泵体,观察卸荷槽、困油槽及吸压油腔等结构,弄清楚其作用。

1．泵体

泵体的两端面刻有封油槽,此槽与吸油口相通,用来防止泵内油液从泵体与泵盖接合面外泄,泵体与齿顶圆的径向间隙为 0.13～0.16 mm。

2．端盖

前后端盖内侧开有卸荷槽,用来消除困油。端盖上吸油口大,压油口小,用来减小作用在轴和轴承上的径向不平衡力。

3．油泵齿轮

两个齿轮的齿数和模数都相等，齿轮与端盖间轴向间隙为 0.03～0.04 mm，轴向间隙不可以调节。

六、思考题

（1）齿轮泵由哪几部分组成？试写出其工作原理。

（2）在实物上，具体指出齿轮泵主要泄漏途径。

（3）简述齿轮泵困油现象的原因及消除措施。

（4）齿轮、轴和轴承所受的径向液压不平衡力是怎样形成的？如何解决？

七、齿轮泵拆装与结构分析实训报告

齿轮泵拆装与结构分析实训报告如表 1.4 所示。

表 1.4　齿轮泵拆装与结构分析实训报告

姓名		班级		学号		组别	
实训目的							
实训设备及元件型号、工具准备							
绘制实训原理图或写出工作原理							

任务要点与操作步骤					
实训练习题					
实训考核结果	实训设备的使用	A	B	C	D
	技能训练操作	A	B	C	D
	实训报告填写	A	B	C	D
	回答现场提问	A	B	C	D
学生成绩			教师签字		
教师评语			日　　期		

1.2.2　液压阀拆装与结构分析

一、实训目的

（1）通过对各种液压阀的拆卸和安装，使学生深入了解阀的结构，从而掌握各种液压阀原理、结构特点和使用性能等。

（2）掌握正确的拆卸、装配及安装连接方法。

（3）掌握常用液压阀的故障排除及维修的基本方法。

二、实训任务

（1）了解液压阀的种类及分类方法；

（2）通过对液压阀的实际拆装操作，掌握各种液压阀的工作原理及结构；

（3）掌握典型液压阀的结构特点、应用范围及故障分析等。

三、实训设备

设备名称：拆装实训台（包括拆装工具1套）。

四、液压阀的拆装分析

1. 压力控制阀的拆装分析

1) 溢流阀拆装分析

（1）溢流阀型号：P 型直动式中压溢流阀。

（2）拆卸步骤：

① 先用工具将 4 个六角螺母分别拧下，使阀体与阀座分离；

② 在阀体中拿出弹簧，使用工具将闷盖拧出，接着将阀芯拿出；

③ 在阀座部分，将调节螺母从阀座上拧下，接着将阀套从阀座上拧下；

④ 将小螺母从调节螺母上拧出后，顶针自动从调节螺母中脱出。

（3）P 型直动式中压溢流阀组成如表 1.5 所示。

表 1.5　P 型直动式中压溢流阀组成

序号	名称	数量
1	阀体	1
2	弹簧	1
3	阀座	1
4	闷盖	1
5	调节螺母	1
6	顶针	1
7	六角螺母	4
8	阀芯	1
9	阀套	1
10	小螺母	1
11	密封圈	2

2) 减压阀拆装分析

（1）减压阀型号：J 型减压阀。

（2）写出拆卸步骤：

（3）在表 1.6 中写出 J 型减压阀组成。

表 1.6　J 型减压阀组成

序号	名称	数量

3）顺序阀拆装分析

（1）顺序阀型号：X 型顺序阀。

（2）写出拆卸步骤：

（3）在表 1.7 中写出 X 型顺序阀组成。

表 1.7　X 型顺序阀组成

序号	名称	数量

2.流量阀的拆装分析

1）节流阀拆装分析

（1）节流阀型号：L 型节流阀。

（2）写出拆卸步骤：

（3）在表 1.8 中写出 L 型节流阀组成。

表 1.8　L 型节流阀组成

序号	名称	数量

2）调速阀拆装分析

（1）调速阀型号：Q 型调速阀。

（2）写出拆卸步骤：

（3）在表 1.9 中写出 Q 型调速阀组成。

表 1.9　Q 型调速阀组成

序号	名称	数量

3. 方向阀的拆装分析

1）单向阀拆装分析（型号：Ⅰ-25 型）

（1）观察直角式单向阀的外观，找出进油口 P1、出油口 P2。

（2）观察阀芯结构（钢球式或锥芯式），了解弹簧的刚度及作用，分析其工作原理，理解其结构、特点。

（3）注意拆装中弄脏的零部件用煤油清洗后才可装配。

2）换向阀拆装分析（型号：35E-25B 电磁阀）

（1）观察 35E-25B 电磁阀的外观，找出压油口 P、回油口 T 及两个工作油口 A、B。

（2）拆解中应用铜棒敲打零部件，以免损坏零部件。将电磁阀的电磁铁和阀体分开，观察并分析工作过程，依次轻轻取出推杆、对中弹簧、阀芯，了解电磁阀阀芯的台肩结构，弄清楚换向阀的工作原理。

（3）装配电磁阀时,轻轻装上阀芯,使其受力均匀,防止阀芯卡住不能动作,然后遵循先拆的零部件后安装、后拆的零部件先安装的原则,按原样装配。

（4）注意拆装中弄脏的零部件用煤油清洗后才可装配。

五、思考题

（1）试比较溢流阀、减压阀和顺序阀三者之间的异同点。

（2）单向阀中弹簧起何作用？怎样确定弹簧的刚度？

（3）节流阀采用何种形式的节流口？这种节流口形式有何优缺点？

（4）电磁换向阀的中位机能不同是由于阀芯上的什么结构特点产生的？

六、液压阀拆装与结构分析实训报告

液压阀拆装与结构分析实训报告如表1.10所示。

表1.10　液压阀拆装与结构分析实训报告

姓名		班级		学号		组别	
实训目的							
实训设备及元件型号、工具准备							
绘制实训原理图或写出工作原理							

续表

任务要点与操作步骤					
实训练习题					
实训考核结果	实训设备的使用	A	B	C	D
	技能训练操作	A	B	C	D
	实训报告填写	A	B	C	D
	回答现场提问	A	B	C	D
学生成绩			教师签字		
教师评语			日　期		

1.3　液压回路综合实训

1.3.1　液压泵性能测试

一、实训目的

（1）了解液压泵的主要性能（功率特性、效率特性）和测试装置。

（2）掌握液压泵主要特性测试原理和测试方法，掌握液压泵的性能曲线测绘方法及泵有关主要参数的分析和计算。

二、实训器材

(1)YZ-02 型智能液压传动综合实训台。

(2)泵站。

(3)节流阀。

(4)量筒。

(5)溢流阀。

(6)油管、压力表。

三、实训内容及原理

1. 液压泵的空载性能测试

液压泵的空载性能测试主要是测试泵的空载排量。液压泵的排量是指在不计泄漏的情况下,泵轴每转排出液体的体积。理论上,排量应按泵密封工作腔容积的几何尺寸精确计算出来;工业上,以空载排量取而代之。空载排量是指泵在空载压力(不超过5%的额定压力或0.5 MPa的输出压力)下泵轴每转排出的油液体积。

2. 液压泵的流量特性和功率特性测试

液压泵的流量特性是指泵的实际流量 q 随出口工作压力 p 的变化规律。

液压泵的功率特性是指泵轴输入功率 P 随出口工作压力 p 的变化规律。

3.液压泵的效率特性(机械效率、容积效率及总效率)测试

液压泵的效率特性是指泵的机械效率、容积效率及总效率随出口工作压力 p 的变化规律。

测试时,将溢流阀调至高于泵的额定压力,用节流阀给被测试液压泵由小至大逐步加压。记录各个点所对应的压力值 p(MPa)、泵实际流量 q(L/min)、电动机输入功率 P_i(kW)和泵的转速 n(r/min)。

理论流量 $q_{理}$:液压系统中,通常是以泵的空载流量来代替理论流量(或者 $q_{理}=nV$,n 为空载转速,V 为泵的排量)。

实际流量 q:不同工作压力下泵的实际输出流量。(可通过流量计读出)

四、实训装置液压系统原理图

液压泵性能测试实训原理图如图1.4所示。

五、实训步骤

(1)首先了解和熟悉实训台液压系统的工作原理及各元件的作用,明确注意事项。

(2)检查油路连接是否牢靠。

(3)按以下步骤调节及实训。

① 将溢流阀2开至最大,启动液压泵1,关闭节流阀3,通过溢流阀2调节液压泵的压力至7 MPa,使其高于液压泵的额定压力6.0 MPa。这样溢流阀2作为安全阀使用。

② 将节流阀3开至最大,测出泵的空载流量,即泵的理论流量 $q_{理}$。

③通过逐级关小节流阀3对液压泵进行加载,测出不同负载压力下的相关数据,包括液压泵的压力 p、泵的输出流量 q、泵的输入转速 n(参数)。

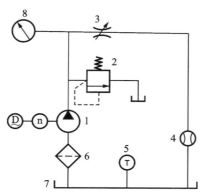

图 1.4　液压泵性能测试实训原理图

压力 p：通过压力表 8 读出，数据记入表 1.11。

输出流量 q：通过量筒 4 读出，数据记入表 1.11。

转速 n：通过台面上转速表直接读出，数据记入表 1.11（参考数据）。

泵输入功率（即电动机输出功率）P_i：通过台面上的功率表直接读出，数据记入表 1.11。

④ 实训完成后，打开溢流阀，停止电动机，待回路中压力为零后拆卸元件，清理好元件并归类放入规定的抽屉内。

六、整理数据

整理实训所测数据 p、q、p_i、n，计算出各负载压力下对应的性能参数。

表 1.11　液压泵性能测试实训数据

	额定压力/MPa		6.0					
	空载流量/(L/min)							
实训所测参数	输出压力 p/MPa							
	泵的转速 n/(r/min)							
	输出流量 q/(L/min)							
	泵输入功率（即电动机输出功率）P_i/kW							
计算参数	泵输出功率 P_o/kW							
	容积效率 η_V							
	总效率 $\eta_{总}$							

根据实训数据，用直角坐标纸分别绘出泵的性能曲线（见图 1.5），并对性能进行分析。

七、思考题

（1）图 1.4 中溢流阀的作用是什么？

（2）调节图 1.4 中节流阀的开口，能否调节通过流量计的流量？为什么？

（3）液压泵的主要性能参数有哪几个？本实训得到了哪几个性能参数？

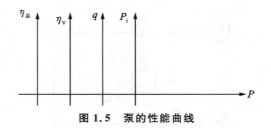

图 1.5　泵的性能曲线

八、液压泵性能测试实训报告

液压泵性能测试实训报告如表 1.12 所示。

表 1.12　液压泵性能测试实训报告

姓名		班级		学号		组别	
实训目的							
实训设备及元件型号、工具准备							
绘制实训原理图或写出工作原理							

续表

任务要点与操作步骤							
实训练习题							
实训考核结果	实训设备的使用	A		B		C	D
	技能训练操作	A		B		C	D
	实训报告填写	A		B		C	D
	回答现场提问	A		B		C	D
学生成绩				教师签字			
教师评语				日 期			

1.3.2 溢流阀静态性能测试

一、实训目的

(1) 理解溢流阀静态特性测试回路。

(2) 掌握溢流阀调压范围、调压偏差等主要静态特性的物理意义和测试方法。

(3) 掌握溢流阀启闭特性曲线测试原理和方法,并能正确分析测试结果。

二、实训器材

(1) YZ-02 型智能液压传动综合实训台。

(2) 液压泵站。

(3) 先导式溢流阀。

(4) 直动式溢流阀。

(5) 二位三通电磁换向阀。

(6) 量筒。

(7) 油管、压力表。

三、实训装置液压系统原理图

溢流阀静态性能测试原理图如图 1.6 所示。

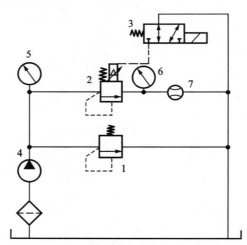

图 1.6　溢流阀静态性能测试原理图

1—直动式溢流阀;2—先导式溢流阀;3—二位三通电磁换向阀(常闭);

4—油泵;5,6—压力表;7—量筒

四、实训内容及步骤

1. 调压范围的测定

溢流阀的调定压力是由弹簧的压紧力决定的,改变弹簧的压缩量就可以改变溢流阀的调定压力。

具体步骤:如图 1.6 所示,把溢流阀 1 完全打开,将被试阀 2 关闭。启动油泵 4,运行 20 分钟后,调节溢流阀 1,使泵出口压力升至 7 MPa,然后将被试阀 2 完全打开,使油泵 4 的压力降至最低值。随后调节被试阀 2 的手柄,从全开至全闭,再从全闭至全开,观察压力表 5、6 的变化是否平稳,并观察调节所得的稳定压力的变化范围(即最高调定压力和最低调定压力的差值)是否符合规定的调节范围。

2. 溢流阀的启闭特性测定

溢流阀的启闭特性是指溢流阀控制的压力和溢流量之间的变化特性,包括开启特性和闭合特性两个特性。所测试的溢流阀包括先导式溢流阀和直动式溢流阀两种。

(1)先导式溢流阀的启闭特性。

开启过程:关闭溢流阀 1,将被试阀 2 调定在所需压力值(如 5 MPa),打开溢流阀 1,使通过被试阀 2 的流量为零。调整直动式溢流阀 1,使被试先导式溢流阀 2 入口压力升高。当量筒 7 稍有流量时,开始针对被试阀 2 每一个调节增大的入口压力值,记录通过量筒 7 对应的流量,数据记入表 1.13。开启特性测定实训完成后,再调整直动式溢流阀 1,使其压力逐级降低,针对被试阀 2 每一个调节减小的入口压力值,对应记录流入量筒 7 的流量,即得到被试阀闭合时的实训数据,数据一同记入表 1.13。

(2)直动式溢流阀的启闭特性。

把元件 1 与元件 2 位置互换,按①的步骤和方法再进行直动式溢流阀的启闭特性测定实训。

(3)绘制直动式、先导式溢流阀的启闭特性曲线。

(4)实训完成后,打开溢流阀,将电机关闭,待回路中压力为零后拆卸元件,清理好元件并归类放入规定抽屉内。

表 1.13　溢流阀启闭性能实训数据表

被试阀调定压力/MPa									
直动式溢流阀	开启特性	被试阀入口压力/MPa							
		溢流量/(L/min)							
	闭合特性	被试阀入口压力/MPa							
		溢流量/(L/min)							
先导式溢流阀	开启特性	被试阀入口压力/MPa							
		溢流量/(L/min)							
	闭合特性	被试阀入口压力/MPa							
		溢流量/(L/min)							

五、思考题

（1）分析各个性能参数的含义，分析溢流阀静态性能的优劣性。

（2）当压力表6上的压力增大时，对溢流阀（被试阀）的调节压力有什么影响？为什么？

（3）比较直动式和先导式溢流阀的启闭特性曲线，说明其各自的特点和性能的优劣。

六、溢流阀静态性能测试实训报告

溢流阀静态性能测试实训报告如表1.14所示。

表1.14　溢流阀静态性能测试实训报告

姓名		班级		学号		组别	
实训目的							
实训设备及元件型号、工具准备							
绘制实训原理图或写出工作原理							

任务要点与操作步骤					
实训练习题					
实训考核结果	实训设备的使用	A	B	C	D
	技能训练操作	A	B	C	D
	实训报告填写	A	B	C	D
	回答现场提问	A	B	C	D
学生成绩			教师签字		
教师评语			日　期		

1.3.3　液压换向回路

一、实训目的

（1）熟悉各种换向回路的工作原理，熟悉液压换向回路的连接方法。

（2）了解液压换向回路的组成、性能特点及其在工业中的应用。

（3）分析不同中位机能的换向阀的特点。

（4）通过该实训，利用不同类型的换向阀设计类似的换向回路。

二、实训器材

（1）YZ-02 型智能液压传动综合实训台。

（2）换向阀（电磁阀、手动阀等，二位阀、三位阀）。

（3）液压缸。

（4）溢流阀。

（5）油管。

（6）四通油路过渡底板。

（7）接近开关及其支架。

（8）压力表（量程：10 MPa）。

（9）油泵。

三、实训原理

学生可根据个人兴趣，安装运行一个或多个液压换向回路。现以 O 型的三位四通电磁换向阀为例，其液压回路原理图如图 1.7 所示。

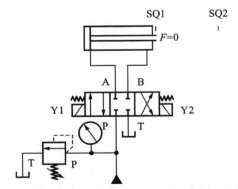

图 1.7　三位四通电磁换向阀液压回路原理图

四、实训步骤

（1）根据实训内容，设计实训所需回路，所设计的回路必须经过认真检查，确保正确无误。

（2）按照检查无误的回路要求，选择液压元件，并且检查其性能的完好性。

（3）将检验好的液压元件安装在插件板的适当位置，通过快速接头和软管，按照回路要求，把各个元件连接起来（包括压力表）。（注：并联油路可用多孔油路板）

（4）将固定好的电磁阀及行程开关按照电气接线图连接起来，掌握接近开关的接线方法和工作原理。

（5）根据回路图在实训台面板上组装该回路，确认安装连接正确后，旋松泵出口处的溢流阀。经过检查确认正确无误后，再启动油泵。

（6）系统溢流阀做安全阀使用，不得随意调整。

（7）调整系统压力（注意：中位机能为 O、Y 型三位阀可以在中位或左右位调压，而对于 M、H 换向阀必须在左位或右位调压），使系统工作压力在系统额定压力范围内。

（8）控制继电器按钮，实现所规定的动作，并借助于行程开关实现自动循环往复动作。

（9）实训完毕后，应先旋松溢流阀手柄，然后停止油泵工作。确认回路中压力为零后，取下连接油管和元件，归类放入规定的抽屉中或规定地方，并保持系统的清洁。

五、参考液压实训回路（可根据实际配置完成相关的液压回路）

（1）二位四通电磁换向阀回路，如图 1.8 所示。

（2）二位四通手动换向阀回路，如图 1.9 所示。

六、思考题

（1）手动阀和电磁阀换向回路分别适合在什么设备上应用？

（2）二位阀和三位阀换向回路在功能实现上有什么明显区别？

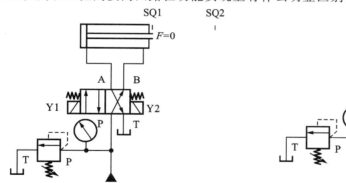

图 1.8 二位四通电磁换向阀回路　　　　图 1.9 二位四通手动换向阀回路

七、液压换向回路实训报告

液压换向回路实训报告如表 1.15 所示。

表 1.15 液压换向回路实训报告

姓名		班级		学号		组别	
实训目的							

实训设备及元件型号、工具准备						
绘制实训原理图或写出工作原理						
任务要点与操作步骤						
实训练习题						
实训考核结果	实训设备的使用	A	B	C	D	
	技能训练操作	A	B	C	D	
	实训报告填写	A	B	C	D	
	回答现场提问	A	B	C	D	
学生成绩				教师签字		
教师评语				日　期		

1.3.4 液压卸荷回路

一、实训目的

(1) 了解换向阀(二位、三位四通电磁换向阀)卸荷回路的工作原理及特性。

(2) 了解电磁溢流阀卸荷的工作原理及特性。

(3) 了解卸荷回路在工业中的应用。

二、实训器材

(1) YZ-02 型智能液压传动综合实训台。

(2) 二位、三位四通电磁换向阀。

(3) 油缸。

(4) 压力表。

(5) 油管及导线。

三、实训原理

三位电磁阀卸荷回路如图 1.10 所示。

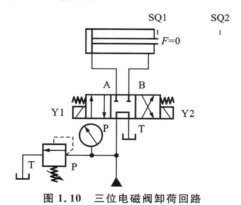

图 1.10 三位电磁阀卸荷回路

四、实训步骤

(1) 依据实训原理回路图准备好液压元器件。

(2) 按照液压回路准确无误地连接液压元器件,并把溢流阀全部松开。

(3) 低压启动泵站电动机,让电磁阀的左位工作(或右位工作)。

(4) 调节溢流阀的开口,使油缸的运行速度适中,在活塞杆运行到恰当的位置时,让电磁阀置于中位卸荷。

(5) 接入限位开关,让油缸自动往复运行。

(6) 实训完毕后,应先旋松溢流阀手柄,然后停止油泵工作。确认回路中压力为零后,取下连接油管和元件,归类放入规定的抽屉中或规定地方,并保持系统的清洁。

五、参考液压实训回路(可根据实际配置完成相关的液压回路)

(1) 二位电磁阀卸荷回路,如图 1.11 所示。

(2) 电磁溢流阀卸荷回路,如图 1.12 所示。

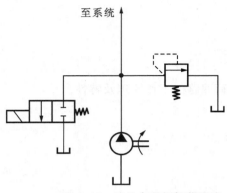

图 1.11　二位电磁阀卸荷回路

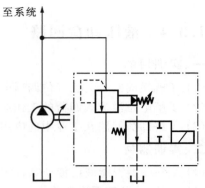

图 1.12　电磁溢流阀卸荷回路

六、思考题

（1）在液压系统中，当工件部件停止运动后，使泵卸荷有什么好处？

（2）换向阀卸荷回路有什么特点？

七、液压卸荷回路实训报告

液压卸荷回路实训报告如表 1.16 所示。

表 1.16　液压卸荷回路实训报告

姓名		班级		学号		组别	
实训目的							
实训设备及元件型号、工具准备							

续表

绘制实训原理图或写出 工作原理	
任务要点与操作步骤	
实训练习题	

实训考核结果	实训设备的使用	A	B	C	D
	技能训练操作	A	B	C	D
	实训报告填写	A	B	C	D
	回答现场提问	A	B	C	D
学生成绩				教师签字	
教师评语				日　期	

1.3.5　液压减压回路

一、实训目的

（1）了解减压阀的内部结构、工作原理；掌握并应用减压阀的一级、二级调压回路。

（2）了解减压回路在实际生产中的应用。

二、实训器材

（1）YZ-02 型智能液压传动综合实训台。

（2）液压泵站。

（3）先导式减压阀。

（4）二位三通电磁换向阀。

（5）溢流阀。

（6）压力表。

三、实训原理

二级液压减压回路如图 1.13 所示。

四、实训步骤

（1）依据实训原理图准备好液压元器件。

（2）按照液压回路准确无误地连接液压元器件，并把溢流阀全部松开。

（3）启动泵站电动机，调节溢流阀开口，调定系统压力。

（4）调节先导式减压阀 1 至系统要求的二级压力。

（5）使二位三通电磁阀接通，调节溢流阀 3 至一级压力。注意：这里的压力不能比二级压力大。

（6）实训完毕后，应先旋松溢流阀手柄，然后停止油泵工作。确认回路中压力为零后，取下连接油管和元件，归类放入规定的抽屉中或规定地方，并保持系统的清洁。

五、参考液压实训回路（可根据实际配置完成相关的液压回路）

单级液压减压回路如图 1.14 所示。

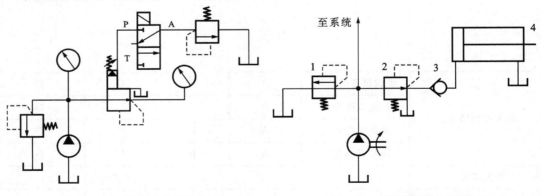

图 1.13　二级液压减压回路　　　　图 1.14　单级液压减压回路

六、思考题

（1）怎样设定减压阀的调定压力？

（2）减压阀什么时候处于减压状态？什么时候处于非减压状态？

七、液压减压回路实训报告

液压减压回路实训报告如表 1.17 所示。

表 1.17 液压减压回路实训报告

姓名		班级		学号		组别	
实训目的							
实训设备及元件型号、工具准备							
绘制实训原理图或写出工作原理							

任务要点与操作步骤								
实训练习题								
实训考核结果	实训设备的使用	A		B		C		D
	技能训练操作	A		B		C		D
	实训报告填写	A		B		C		D
	回答现场提问	A		B		C		D
学生成绩					教师签字			
教师评语					日　期			

1.3.6 液压保压回路

一、实训目的

（1）了解保压回路在工业领域的应用。

（2）熟悉并掌握液压保压回路的应用。

二、实训器材

（1）YZ-02 型智能液压传动综合实训台。

（2）泵站。

（3）三位四通电磁换向阀。

（4）二位四通电磁换向阀。

（5）单向阀。

（6）溢流阀。

（7）油缸。

（8）压力表。

（9）四通油路过渡底板。

（10）油管及导线。

三、实训原理

如图 1.15 所示，当系统开启时，液压缸开始工作，当运行到达工作压力时，断开二位四通电磁阀及三位四通电磁阀，系统保持工作压力；回油时，只要接通二位四通电磁阀及三位四通电磁阀即可，从而达到实训要求。

有兴趣的同学可以根据实训目的自己设计油路，检查正确后进行实训。

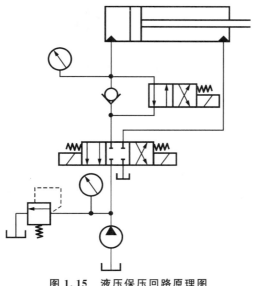

图 1.15 液压保压回路原理图

四、实训步骤

（1）根据实训要求设计出合理的液压原理图。

（2）根据原理图选择恰当的液压元器件,并按图把实物连接起来。

（3）根据动作要求设计电路,并依据设计好的电路进行实物连接。

（4）观察压力表及油缸的动作情况。

（5）实训完毕后,让活塞杆收回,停止油泵电动机,待系统压力为零后,拆卸油管及液压阀,并放回规定的位置,整理好实训台,保持系统的清洁。

五、参考实训回路图

蓄能器压力补偿保压回路如图 1.16 所示。

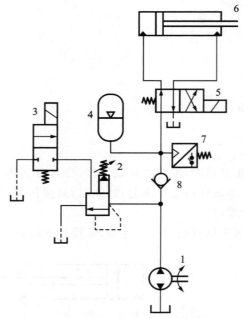

图 1.16　蓄能器压力补偿保压回路

1—泵站;2—先导式溢流阀;3—二位二通电磁换向阀;4—蓄能器;

5—二位四通电磁换向阀;6—液压缸;7—压力继电器;8—单向阀

六、思考题

（1）说出图 1.15 保压回路的工作原理。

（2）说出图 1.16 回路的工作原理。图中元件 3、4 的作用是什么?

七、液压保压回路实训报告

液压保压回路实训报告如表 1.18 所示。

表 1.18　液压保压回路实训报告

姓名		班级		学号		组别	
实训目的							
实训设备及元件型号、工具准备							
绘制实训原理图或写出工作原理							

续表

任务要点与操作步骤					
实训练习题					
实训考核结果	实训设备的使用	A	B	C	D
	技能训练操作	A	B	C	D
	实训报告填写	A	B	C	D
	回答现场提问	A	B	C	D
学生成绩			教师签字		
教师评语			日　期		

1.3.7 液压锁紧回路

一、实训目的

（1）了解液压锁紧回路在工业中的作用，并举例说明。

（2）掌握典型的液压锁紧回路的工作原理及其运用。

（3）掌握各种液压锁紧回路的特点。

二、实训器材

（1）YZ-02 型智能液压传动综合实训台。

（2）泵站。

（3）换向阀。

（4）液控单向阀。

（5）液压缸。

（6）溢流阀。

（7）接近开关及其支架。

（8）四通油路过渡底板。

（9）压力表。

（10）油管及导线。

三、实训原理

学生可根据个人兴趣，选择合适的实训器材，安装运行一个或多个液压锁紧回路。这里以液控单向阀为例说明。液压紧锁回路如图 1.17 所示。

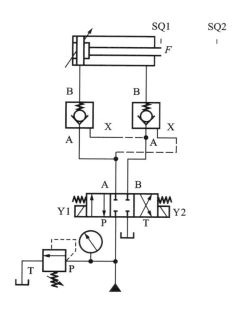

图 1.17　液压锁紧回路

四、实训步骤

（1）根据实训要求设计出合理的液压原理图。

（2）根据原理图选择恰当的液压元器件，并按图把实物连接起来。

（3）根据动作要求设计电路，并依据设计好的电路进行实物连接。

（4）增大负载，看油缸的动作情况。

（5）实训完毕后，使三位四通电磁换向阀卸荷，打开溢流阀，停止油泵电机，待系统压力为零后，拆卸油管及液压阀，并把它们放回规定的位置，整理好实训台，保持系统的清洁。

五、参考实训回路图

采用 M、O 型三位四通换向阀，如图 1.18 所示。

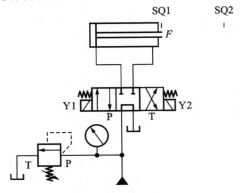

图 1.18 三位四通换向阀锁紧回路

六、思考题

（1）锁紧回路在实际应用中的作用是什么？

（2）使用换向阀和液压锁两种方法锁紧，哪种锁紧效果好？为什么？

七、液压锁紧回路实训报告

液压锁紧回路实训报告如表 1.19 所示。

表 1.19 液压锁紧回路实训报告

姓名		班级		学号		组别	
实训目的							

续表

实训设备及元件型号、工具准备	
绘制实训原理图或写出工作原理	
任务要点与操作步骤	
实训练习题	

实训考核结果	实训设备的使用	A	B	C	D
	技能训练操作	A	B	C	D
	实训报告填写	A	B	C	D
	回答现场提问	A	B	C	D
学生成绩			教师签字		
教师评语			日　期		

1.3.8 液压差动增速回路

一、实训目的

(1) 掌握液压回路的连接方法,熟悉差动增速回路的工作原理。

(2) 了解液压差动回路的组成、性能特点及其在工业中的运用。

二、实训器材

(1) YZ-02 型智能液压传动综合实训台。

(2) 三位四通电磁换向阀。

(3) 二位四通(或三通)电磁换向阀。

(4) 单向阀。

(5) 溢流阀。

(6) 油缸。

(7) 压力表。

(8) 节流阀。

(9) 油管及导线。

三、实训注意事项

(1) 启动泵站之前先检查管路连接线和控制部分电路是否都按要求连接好。

(2) 查看安全回路,检查溢流阀阀芯是否处于旋松状态(注意:所有带手柄的阀都不能旋得太松,防止压力过大冲出手柄)。

(3) 调节电动机转速,不超过 850 r/min。

(4) 元器件长期使用后可能会出现漏油现象,这时应更换密封圈(注意:平时使用时不要乱拆装元器件)。

(5) 实训完成后先调节安全回路的溢流阀,使系统压力降到最小(注意事项同上),再拆卸回路、整理好元器件,准备下次实训。

四、实训原理

液压差动增速回路如图 1.19 所示。所需元器件:直动式溢流阀、三位四通电磁换向阀、二位四通电磁换向阀、单向阀、节流阀、双作用液压缸、油管。

五、实训步骤

(1) 按照差动回路图,取出所用的液压元件。

(2) 将所需液压元件安装在实训台面板的合理位置,用连接管连接成实训回路。

(3) 把相对应的电磁阀输出线与接近开关对应接入电气控制面板上。

(4) 放松溢流阀,启动泵,调节溢流阀所需压力(约 0.8 MPa),调节调速阀到较小开口。

(5) 认真观察回路现象,理解并掌握差动回路工作原理。

(6) 实训完成后,拆卸元器件,整理摆放好,以备下次实训。

(7) 思考问题,弄懂实训,做好实训报告。

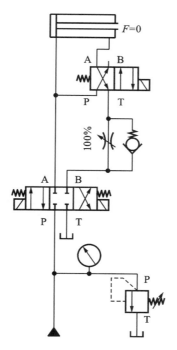

图 1.19 液压差动增速回路

六、实训参考回路图

液压差动回路参考一如图 1.20 所示。所需元器件:双作用液压缸、二位二通电磁换向阀、单向阀、三位四通电磁换向阀、直动式溢流阀、油管。

液压差动回路参考二如图 1.21 所示。所需元器件:双作用液压缸、三位四通电磁换向阀（P 型）、直动式溢流阀、油管等。

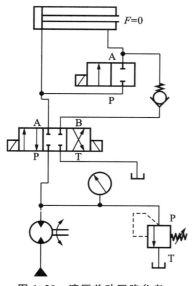

图 1.20 液压差动回路参考一

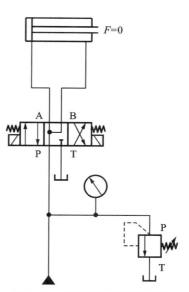

图 1.21 液压差动回路参考二

七、思考题

（1）在差动快速回路中，两腔是否因同时进油而造成"顶牛"现象？

（2）差动连接与非差动连接，输出推力哪一个大？为什么？

（3）为什么慢进时液压缸无杆腔压力比快进时大？根据回路进行分析。

（4）图1.19所示回路中，如把二位四通阀两个出口对换，能否实现上述工况？可能会出现什么问题？（由实训现象进行分析）

八、液压差动增速回路实训报告

液压差动增速回路实训报告如表1.20所示。

表1.20 液压差动增速回路实训报告

姓名		班级		学号		组别	
实训目的							
实训设备及元件型号、工具准备							
绘制实训原理图或写出工作原理							

续表

任务要点与操作步骤					
实训练习题					
实训考核结果	实训设备的使用	A	B	C	D
	技能训练操作	A	B	C	D
	实训报告填写	A	B	C	D
	回答现场提问	A	B	C	D
学生成绩			教师签字		
教师评语			日　期		

1.3.9　液压速度换接回路

一、实训目的

（1）熟悉各液压换接回路的工作原理。

（2）加强学生的动手能力和创新能力。

二、实训器材

（1）YZ-02 型智能液压传动综合实训台。

（2）液压泵站。

（3）油缸。

（4）溢流阀。

（5）三位四通电磁换向阀。

（6）二位三通电磁换向阀。

（7）调速阀（或单向节流阀）。

（8）接近开关及其支架。

（9）油管、压力表。

三、实训原理

如图 1.22 所示，当电磁铁 Y1 通电，液压缸做快速运动，实现快进动作；快进结束后，活塞杆接近行程开关 SQ2，使电磁铁 Y3 通电，液压缸实现慢速运动，其速度由节流阀调定；当液压缸到右端终点时接近行程开关 SQ3，电磁铁 Y2 通电，液压缸实现快退动作。

四、实训步骤

（1）根据实训要求设计出合理的液压原理图。

（2）根据原理图选择恰当的液压元器件，并按图把实物连接起来。

（3）根据动作要求设计电路，并依据设计好的电路进行实物连接。

（4）在溢流阀打开的情况下，启动泵站电动机，调定系统压力到工作压力，启动三位四通电磁换向阀，观察油缸的运行速度，调节调速阀的开口来改变工进的速度。

（5）实训完毕后，打开溢流阀，停止油泵电动机，待系统压力为零后，拆卸油管及液压阀，并把它们放回规定的位置，整理好实训台，保持系统的清洁。

五、实训参考回路图

液压速度换接回路参考图如图 1.23 所示。

六、思考题

（1）图 1.22 所示回路中，二位三通电磁阀起到什么作用？其速度换接性能怎么样？

（2）图 1.23 所示回路中，行程阀起到什么作用？其换接时间能够调节吗？

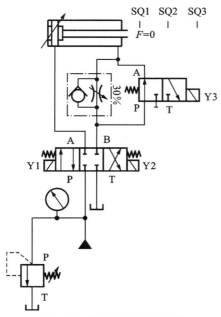

图 1.22　液压速度换接回路　　　　图 1.23　液压速度换接回路参考图

七、液压速度换接回路实训报告

液压速度换接回路实训报告如表 1.21 所示。

表 1.21　液压速度换接回路实训报告

姓名		班级		学号		组别	
实训目的							
实训设备及元件型号、工具准备							

绘制实训原理图或写出工作原理	
任务要点与操作步骤	
实训练习题	

实训考核结果	实训设备的使用	A	B	C	D
	技能训练操作	A	B	C	D
	实训报告填写	A	B	C	D
	回答现场提问	A	B	C	D
学生成绩				教师签字	
教师评语				日　期	

1.3.10 液压顺序动作多缸回路

一、实训目的

（1）掌握顺序回路的工作原理,熟悉液压回路的连接方法。

（2）了解顺序回路的组成、性能特点及其在工业中的运用。

（3）了解压力继电器、接近开关的作用及使用方法。

（4）会用顺序阀或行程开关设计液压顺序动作回路。

二、实训器材

（1）YZ-02 型智能液压传动综合实训台。

（2）换向阀（阀芯机能"O"）。

（3）顺序阀。

（4）液压缸。

（5）接近开关及其支架。

（6）溢流阀。

（7）四通油路过渡底板。

（8）压力表（量程:10 MPa）。

（9）泵站。

（10）油管。

三、实训原理

用顺序阀控制的顺序动作回路如图 1.24 所示。

四、实训步骤

（1）根据实训内容,设计实训所需的回路,所设计的回路必须经过认真检查,确保正确无误。

（2）按照检查无误的回路要求,选择所需的液压元件,并且检查其性能的完好性。

（3）将检验好的液压元件安装在插件板的适当位置,通过快速接头和软管,按照回路要求,把各个元件连接起来（包括压力表）。（注:并联油路可用多孔油路板）

（4）将电磁阀及行程开关与控制线连接。

（5）按照回路图,确认安装连接正确后,旋松泵出口自行安装的溢流阀。经过检查确认正确无误后,再启动油泵,按要求调压。不经检查,私自开机,一切后果由本人负责。

（6）系统溢流阀做安全阀使用,不得随意调整。

（7）根据回路要求,调节顺序阀,使液压油缸左右运动速度适中。

（8）实训完毕后,应先旋松溢流阀手柄,然后停止油泵工作。确认回路中压力为零后,取下连接油管和元件,归类放入规定的抽屉中或规定地方。

五、实训参考回路图

用行程开关控制的顺序动作回路如图 1.25 所示。

六、思考题

（1）图 1.24 所示用顺序阀控制的顺序动作回路的可靠性高吗？说说理由。

（2）图 1.25 所示用行程开关控制的顺序动作回路的动作顺序改动是否容易？其实现动作的可靠性怎么样？

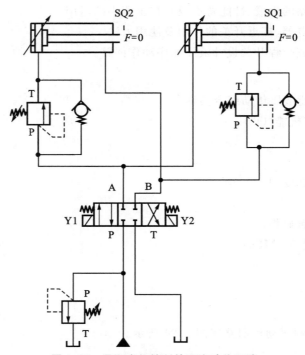

图 1.24　用顺序阀控制的顺序动作回路

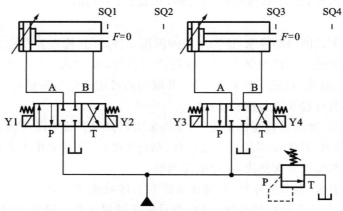

图 1.25　用行程开关控制的顺序动作回路

七、液压顺序动作多缸回路实训报告

液压顺序动作多缸回路实训报告如表 1.22 所示。

表 1.22 液压顺序动作多缸回路实训报告

姓名		班级		学号		组别	
实训目的							
实训设备及元件型号、工具准备							
绘制实训原理图或写出工作原理							

续表

任务要点与操作步骤					
实训练习题					
实训考核结果	实训设备的使用	A	B	C	D
	技能训练操作	A	B	C	D
	实训报告填写	A	B	C	D
	回答现场提问	A	B	C	D
学生成绩				教师签字	
教师评语				日　期	

第 2 部分
气压传动实训

第 2 部分为气压传动实训，主要内容包括气动综合实训台简介、气动基本回路实训、气动综合实训等。

◀ 2.1 气动综合实训台简介 ▶

图 2.1 所示为 QDA-01 型气动综合实训台,应用了气动技术、传统继电器控制技术、PLC 自动控制技术、传感器应用技术等多项技术,是气动技术和控制技术的完美结合。该实训台为框架结构,上半部分是 T 形槽面板和电气控制面板,下半部分是元件、工具储存抽屉。气动元件安装面板采用高强度铝合金 T 形槽面板,利用事先安装在过渡面板上的气动元件盒快速插接头,实现元件的快速安装和更换,可以快速灵活地组装回路。电气控制包括继电器控制和 PLC 控制,PLC 的端子为开放式,可以根据实训要求任意接线。

图 2.1　QDA-01 型气动综合实训台

2.1.1　设备主要特点

(1)覆盖面广:该实训台覆盖了气动技术、传统继电器控制技术、PLC 自动控制技术、传感器应用技术等多项技术。

(2)模块化:模块化的结构设计使得搭建实训简单、方便,各气动元件成独立模块,配有方便安装的底板,实训时可以随意在通用铝合金型材板上组建各种实训回路,操作简单快捷。

(3)方便实用:快速可靠的连接接头,拆卸简便省时,有效地提高了实训效率。

(4)工业化:每个气动元器件、传感器元件及其他电气元件全部采用工业元件,性能安全、可靠。

（5）低噪声：低噪声的工作泵站，为实训提供了一个安静的环境（噪声低于 60 dB）。

（6）易维护：维护检修工作量小，有独特的防护和易维修设计，需维护的器件特别少且易于维护，运行状态下可方便简单地维护，整机维护最多不超过 1 小时，且不需要经常维护。

（7）多种控制方式：纯气动控制回路、采用继电器的电控气动回路、采用可编程控制器的电控气动回路。

（8）系统安全性能：额定工作压力为 1.0 MPa，是安全的低压实训系统；电源带漏电保护。

2.1.2　实训台组成

实训台由实训台架、工作泵站、气动元件、电气控制单元等几部分组成。

一、实训台架

实训台采用优质型钢为主框架，用优质铁皮板材制作而成，全部采用防锈、亚光喷塑处理；抽屉、元件柜、电控箱、工具柜全部带锁；工业铝合金型材 T 形槽面板，可以方便随意地安装气动元件、传感器等。

二、工作泵站技术参数（可长期安全使用，自带短路保护、过载保护等功能）

（1）电源：AC 220 V、50 Hz。

（2）功率：465 W。

（3）流量：55 L/min。

（4）储气罐容积：24 L。

（5）噪声：不大于 60 dB。

（6）最大压力：1.0 MPa。

（7）尺寸：40 cm×40 cm×52 cm。

（8）净重：22 kg。

三、气动元件

所有的气动元器件均为工业元件，使用安全可靠；气动元件覆盖了气动执行元件、电磁换向阀、气控换向阀、逻辑阀等多种气动元器件；气动元件均配有工程塑料过渡底板，可方便、随意地将元件安放在实训面板（带 T 形槽的铝合金型材结构）上；每个气动元器件全部安装气动快换接头，回路拆接方便快捷。

四、电气控制单元

PLC 模块：西门子 S7200 CPU224 系列，I/O 口 24 点，14 点输入、10 点输出，继电器输出形式，电源电压 AC 220 V/50 Hz，控制电压 DC 24 V（注：PLC 类型可根据实际需求配置，比如三菱、欧姆龙、西门子、松下等）。继电器控制模块：3 组继电器控制，控制电压 DC 24 V。时间继电器控制模块：1 组时间继电器，2 组常开、2 组常闭继电器输出形式。电源模块：AC 220 V、DC 24 V（电源自带短路保护、过载保护，短路、过载自动断路，重新启动即可恢复正常使用）。按钮开关模块：各种按钮开关接头均接到面板上，实训时方便拔插连接。电磁阀电控接口模块：电磁阀都是 DC 24 V 供电，连接电缆都是带护套插座的导线，安全可靠；电气线路设有短路保护、过载保护等功能,采用的电气元器件全部符合国家安全标准。

2.1.3 实训项目

一、气动回路实训

(1) 常用气动元件功能演示;

(2) 常见气动回路演示;

(3) 单作用气缸的电磁阀换向回路;

(4) 双作用气缸的电磁阀换向回路;

(5) 双作用气缸的气控阀换向回路;

(6) 单作用气缸的单向速度调节回路;

(7) 单作用气缸的双向速度调节回路;

(8) 双作用气缸的进口速度调节回路;

(9) 双作用气缸的出口速度调节回路;

(10) 速度换接回路;

(11) 采用并联节流阀的缓冲回路;

(12) 互锁回路;

(13) 单缸连续往复控制回路;

(14) 双缸连续往复控制回路;

(15) 用行程阀的双缸顺序动作回路;

(16) 用电气开关的双缸顺序动作回路;

(17) 二次压力控制回路;

(18) 高低压力转换回路;

(19) 计数回路;

(20) 延时回路;

(21) 逻辑阀的应用回路;

(22) 双手操作回路;

(23) 自动手动并用回路;

(24) PLC 各软继电器的应用,如时间继电器、计数器等;

(25) 相关的扩展性实训。

二、PLC 电气控制实训,机-电-气一体化控制实训

(1) PLC 基础指令、高级指令、扩展指令等的学习与使用;

(2) PLC 编程软件的学习与使用;

(3) PLC 与计算机的通信、在线调试、监控与故障检测;

(4) PLC 与气动技术相结合的一体化控制实训。

学生自行设计、组装和扩展的各种回路实训,可达上百种。

2.1.4 实训台主要技术参数及配置清单

（1）使用电源：国家标准供电电源——AC 220 V（±5%）、50 Hz，带短路保护、漏电保护、过载保护等功能。

（2）控制电压：安全控制电压——DC 24 V。

（3）使用环境要求：能在环境温度－10～＋50 ℃下使用。

（4）尺寸：1510 mm×600 mm×1605 mm。

（5）重量：约 120 kg。

QDA-01 型气动实训台详细配置清单如表 2.1 所示。

表 2.1　QDA-01 型气动实训台详细配置清单

序号	名称	规格型号及主要技术参数	数量	备注
实训平台				
1	气动实训台	—	1 台	巨林科教
2	过渡底板	化纤 ABS 精制模具压注成型	1 块	附在阀上
3	万向轮	2.5 mm 优质钢材，带自锁功能，滚轮式轴承	4 个	安装在实训台底部
4	专用铝合金面板	18 mm×1210 mm 铝合金面板，带 T 形槽，配合过渡底板进行搭接	1 套	安装在实训台上
动力泵站				
1	空气压缩机	电源：AC 220 V、50 Hz 功率：465 W 流量：55 L/min 储气罐容积：24 L 噪声：不大于 60 dB 最大压力：1 MPa	1 台	浙江
气动元件				
1	不锈钢单作用气缸（弹簧回位）	型号：MSA-20×75-S 缸径：20 mm 行程：75 mm 使用压力：0.2～0.9 MPa	1 只	佳尔灵
2	不锈钢双作用气缸（单出杆）	型号：MA-20×100-S 缸径：20 mm 行程：100 mm 使用压力：0.1～0.9 MPa	2 只	佳尔灵
3	气缸固定脚座	MA20-LB（与缸配套）	多套	佳尔灵

续表

序号	名称	规格型号及主要技术参数	数量	备注
4	三联件(带压力表)	型号:AC2000 过滤精度:40 μm 调节范围:0.05~0.85 MPa	1只	佳尔灵
5	减压阀(带压力表)	型号:AR1500 调节范围:0.05~0.85 MPa	1只	佳尔灵
6	二位三通电磁换向阀 (常开)	型号:3V110-06-NO-DC24V 使用压力:0.1~0.9 MPa 耗电量:DC 24 V/3 W	1只	佳尔灵
7	二位三通电磁换向阀 (常闭)	型号:3V110-06-NC-DC24V 使用压力:0.1~0.9 MPa 耗电量:DC 24 V/3 W	1只	佳尔灵
8	二位五通电磁换向阀 (单)	型号:4V110-06-DC24V 使用压力:0.1~0.9 MPa 耗电量:DC 24 V/3 W	2只	佳尔灵
9	两位五通电磁换向阀 (双)	型号:4V120-06-DC24V 使用压力:0.1~0.9 MPa 耗电量:DC 24 V/3 W	1只	佳尔灵
10	三位五通电磁换向阀 (中封式)	型号:4V130C-06-DC24V 使用压力:0.1~0.9 MPa 耗电量:DC 24 V/3 W	1只	佳尔灵
11	二位五通气控换向阀 (单)	型号:4A110-06 使用压力:0.15~0.8 MPa	2只	佳尔灵
12	二位五通气控换向阀 (双)	型号:4A120-06 使用压力:0.15~0.8 MPa	2只	佳尔灵
13	二位五通手动换向阀	型号:4H210-06 使用压力:0~0.8 MPa	2只	佳尔灵
14	机械阀 (双向滚动凸轮型)	型号:S3R-06 使用压力:0~0.8 MPa	2只	佳尔灵
15	机械阀(凸头按钮式)	型号:S3PP-06-G 使用压力:0~0.8 MPa	1只	佳尔灵
16	或门逻辑阀(梭阀)	型号:ST-01 使用压力:0.1~0.8 MPa	2只	台湾新恭
17	与门逻辑阀(双压阀)	型号:ST-01H 使用压力:0.1~0.8 MPa	2只	台湾新恭
18	快速排气阀	型号:Q-01 使用压力:0.1~0.8 MPa	2只	台湾新恭

续表

序号	名称	规格型号及主要技术参数	数量	备注
19	单向节流阀	型号：ASC100-06 使用压力：0.05~0.95 MPa	2 只	佳尔灵
20	L 型单向节流阀 （限出型）	型号：ASL4-01 使用压力：0~1.02 MPa	7 只	佳尔灵
21	单向止回阀	型号：KA-06 使用压力：0.1~0.95 MPa	2 只	佳尔灵
22	T 形三通	APE-4	5 只	佳尔灵
23	四通	APZA-4	2 只	佳尔灵
24	管塞	APP-4	10 只	佳尔灵
25	减径直通	ϕ 8-6	2 只	佳尔灵
电气模块				
1	接近开关	开关电压：DC 5~30 V	4 个	上海沪工
2	接近开关支架	—	4 套	巨林科教
3	磁性开关（霍尔式）	开关电压：10~30 V	4 个	JELPC
4	开关绑带	MA20-BAND	4 个	JELPC
5	稳压电源模块	型号：S-35-24 输出电压：DC 24 V 电流：1.5 A	1 套	百思特
6	时间继电器模块	型号：JS-48 输出：2 组常开、2 组常闭	1 套	正泰电器
7	中间继电器	控制电压：DC 24 V	4 个	OMRON
8	启停模块	—	1 套	正泰电器
9	按钮模块	—	1 套	正泰电器
10	PLC 下载线缆	与 PLC 配套	1 套	西门子
带护套保护的快插导线				
1	红色导线	1 m	5 根	巨林科教
2	黑色导线	1 m	5 根	巨林科教
3	黑色导线	0.4 m	10 根	巨林科教
4	红色导线	0.4 m	10 根	巨林科教
附件清单				
1	消声器（小）	—	4 只	JELPC

序号	名称	规格型号及主要技术参数	数量	备注
2	消声器（大）	—	4 只	JELPC
3	螺纹直通	APC4-01	2 只	JELPC
4	接头（弯）	APL4-01	4 只	JELPC
5	接头（弯）	APL6-01	2 只	JELPC
6	气管	PUO0425	200 m	JELPC
7	气管	$\phi 8$	1.5 m	JELPC
8	气管	$\phi 6$	1.5 m	JELPC
9	光盘（PLC 软件）	—	1 套	西门子
10	使用说明书	说明书、指导书	1 册	巨林科教
工具清单				
1	剪刀	—	1 把	五金工具
2	活动扳手	—	1 把	五金工具
3	内六角扳手	—	1 套	五金工具
4	螺丝刀	—	1 套	五金工具
5	尖嘴钳	—	1 把	五金工具

◀ 2.2　气动基本回路实训 ▶

2.2.1　单作用气缸（弹簧缸）的换向回路

一、实训目的

（1）熟悉单作用气缸的内部结构、工作原理及使用性能；

（2）学会 QDA-01 型气动综合实训台的使用方法；

（3）掌握单作用气缸换向回路的应用条件及应用场合；

（4）通过该实训，可利用不同操纵方式的换向阀设计类似的换向回路。

二、实训器材

（1）QDA-01 型气动综合实训台。

（2）换向阀（电磁阀、手动阀等）。

（3）单作用气缸。

（4）气动三联件。

（5）气管。

（6）三通、四通接头。

（7）空气压缩机。

（8）单向节流阀。

三、实训原理

该回路的原理图如图 2.2 所示,该回路由空压机、气动三联件、二位三通单电磁换向阀、单向节流阀及单作用气缸等组成。当该换向阀通电时,空压机输出的压缩空气经储气罐、气动三联件到换向阀的进气口 P 口,然后从控制口 A 输出,经单向节流阀后到气缸,气缸向右运动,其速度由节流阀调定;当断电时,气缸活塞在弹簧力的作用下向左返回,气缸左腔压缩空气经单向节流阀中的单向阀到达换向阀的 A 口,最后再到换向阀的排气口 O 口排到大气中。

四、实训步骤

（1）根据实训回路原理图选择所需的气动元件（单作用气缸、单向节流阀、二位三通单电磁换向阀、气动三联件、连接软管）,检查元器件的使用性能是否正常。

（2）在理解原理图的情况下,按照原理图组装该实训回路。

（3）将二位三通单电磁换向阀的电源输入口插入电气控制面板相应的输出口。

（4）确认连接安装正确稳妥,把三联件的调压旋钮旋松,通电,开启气泵。待泵工作正常,再次调节气动三联件的调压旋钮,使回路中的压力在系统工作压力以内。

（5）当二位三通单电磁换向阀通电时,右位接入,气缸左腔进气,气缸伸出,失电时气缸靠弹簧的弹力复位（在缸的伸缩过程中通过调节回路中的单向节流阀控制气缸动作的快慢）。

（6）实训完毕后,关闭泵,切断电源,待回路压力为零时,拆卸回路,清理元器件并放回规定的位置。

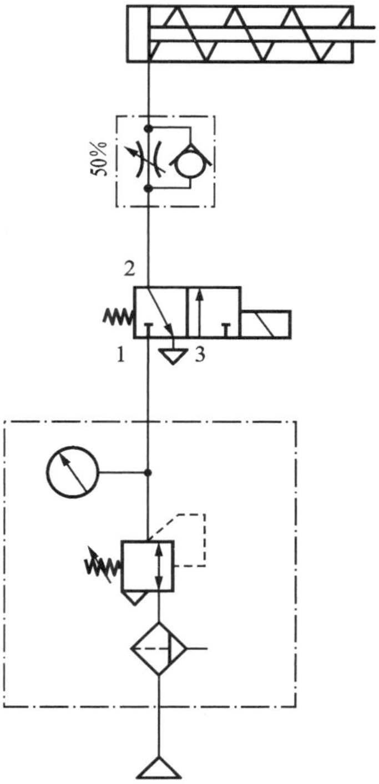

图 2.2 单作用气缸（弹簧缸）的换向回路

五、思考题

（1）若把回路中的单向节流阀拆掉重做一次实训,气缸的活塞运动是否会很平稳？冲击效果是否很明显？回路中用单向节流阀的作用是什么？

（2）采用三位五通双电磁换向阀是否能实现缸的中间任意位置停止？想一想主要是利用了三位五通双电磁换向阀的什么机能？

六、单作用气缸的换向回路实训报告

单作用气缸的换向回路实训报告如表 2.2 所示。

表 2.2　单作用气缸的换向回路实训报告

姓名		班级		学号		组别	
实训目的							
实训设备及元件型号、工具准备							
绘制实训原理图或写出工作原理							

续表

任务要点与操作步骤					
实训练习题					
实训考核结果	实训设备的使用	A	B	C	D
	技能训练操作	A	B	C	D
	实训报告填写	A	B	C	D
	回答现场提问	A	B	C	D
学生成绩			教师签字		
教师评语			日　期		

2.2.2 双作用气缸的换向回路

一、实训目的

(1)熟悉双作用单杆气缸的内部结构、工作原理及职能符号。

(2)了解电磁及手动换向阀的工业应用领域。

(3)掌握双作用气缸换向回路的应用条件及应用场合。

(4)通过该实训,可利用不同类型的换向阀设计类似的换向回路。

二、实训器材

(1)QDA-01型气动综合实训台。

(2)换向阀(电磁阀、手动阀等)。

(3)双作用单杆气缸。

(4)气动三联件。

(5)气管。

(6)三通、四通接头。

(7)空气压缩机。

(8)单向节流阀。

三、实训原理

该回路的原理图如图2.3所示,该回路由空压机、气动三联件、二位五通单电磁换向阀、单向节流阀及双作用单杆气缸等组成。当该换向阀断电时,空压机输出的压缩空气经储气罐、气动三联件、换向阀的左位、单向节流阀到气缸左腔,气缸右腔的空气经右边单向节流阀的单向阀后经换向阀排出至大气中,于是气缸向右运动,其速度由左边单向节流阀调定;当换向阀通电时,气缸向左移动,速度由右边单向节流阀调定。

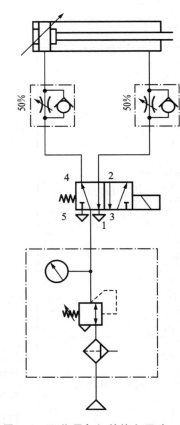

四、实训步骤

(1)根据实训回路图选择气动元件(单杆双作用气缸、两个单向节流阀、二位五通单电磁换向阀、气动三联件、长度合适的连接软管),检验元器件的使用性能是否正常。

(2)在理解实训原理图的情况下,在实训台上组装实训回路。

(3)将二位五通单电磁换向阀的电源输入口插入相应的控制板输出口。用适当的控制方式(继电器控制或PLC控制)控制电磁阀。

图2.3 双作用气缸的换向回路

(4)确认连接安装正确稳妥,把气动三联件的调压旋钮旋松,通电开启气泵。待泵工作正常后,再次调节三联件的调压旋钮,使回路中的压力在系统工作压力以内。

（5）当二位五通单电磁阀在图2.3所示工作位置时，气体从泵出来，经过电磁阀再经过节流阀到达气缸左腔，推动气缸活塞右移；当电磁阀右位接入，气体经电磁阀的右位进入气缸的右腔，气缸活塞左移。

（6）实训完毕后，关闭泵，切断电源，待回路压力为零时，拆卸回路，清理元器件并放回规定的位置。

五、思考题

（1）若把回路中的单向节流阀拆掉，气缸运动是否会很平稳？冲击效果是否很明显？回路中单向节流阀的作用是什么？

（2）三位五通双电磁换向阀能否实现缸的中间任意位置停止？想一想主要是利用了三位五通双电磁换向阀的什么机能？

（3）用双杆双作用缸代替单杆双作用缸，看一下演示效果。

六、双作用气缸的换向回路实训报告

双作用气缸的换向回路实训报告如表2.3所示。

表 2.3　双作用气缸的换向回路实训报告

姓名		班级		学号		组别	
实训目的							
实训设备及元件型号、工具准备							

绘制实训原理图或写出 工作原理							
任务要点与操作步骤							
实训练习题							
实训考核结果	实训设备的使用	A		B		C	D
	技能训练操作	A		B		C	D
	实训报告填写	A		B		C	D
	回答现场提问	A		B		C	D
学生成绩					教师签字		
教师评语					日　期		

2.2.3　单作用气缸的双向调速回路

一、实训目的

（1）熟悉单向节流阀的内部结构、工作原理及职能符号。

（2）了解双向调速回路的工作原理及工业应用场合。

（3）掌握单作用气缸速度调节回路的应用条件及应用场合。

（4）通过该实训，可设计其他类似的调速回路。

二、实训器材

（1）QDA-01 型气动综合实训台。

（2）换向阀（电磁阀、手动阀等）。

（3）单作用气缸。

（4）气动三联件。

（5）气管。

（6）三通、四通接头。

（7）空气压缩机。

（8）单向节流阀。

三、实训原理

该回路的原理图如图 2.4 所示，该回路由空压机、气动三联件、二位三通单电磁换向阀、单向节流阀及单作用气缸等组成。当该换向阀通电时，空压机输出的压缩空气经储气罐、气动三联件到换向阀的进气口 P，然后从控制口 A 输出，经单向节流阀后到气缸，气缸向右运动，其速度由节流阀调定；当断电时，气缸活塞在弹簧力的作用下向左返回，气缸左腔压缩空气经单向节流阀中的单向阀到达换向阀的 A 口，最后再到换向阀的排气口 O 排到大气中。

四、实训步骤

（1）根据实训原理图选择所用元件（单作用气缸、单向节流阀、二位三通单电磁换向阀、气动三联件、连接软管），检验元件使用性能是否正常。

（2）在看懂原理图后，在实训台上搭接实训回路。

（3）将二位三通单电磁换向阀的电源输入口插入相应的控制板输出口。用适当的控制方式（继电器控制或 PLC 控制）控制电磁阀。

（4）确认连接安装正确稳妥，把气动三联件的调压

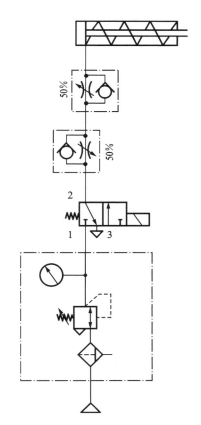

图 2.4　单作用气缸的双向调速回路

旋钮旋松,通电开启气泵。待泵工作正常后,再次调节气动三联件的调压旋钮,使回路中的压力在系统工作压力以内。

（5）当电磁阀得电时右位接入,压缩空气经过气动三联件通过电磁阀的右位再经过两个相对安装的单向节流阀进入缸的无杆腔,活塞杆伸出,在此过程中调节接近缸的单向节流阀可以控制活塞的运行速度。

（6）当电磁阀失电时,回到左位状态。气缸活塞在弹簧的作用下向右运动,右腔的压缩空气经单向节流阀到电磁阀,最后排到大气中,在此过程中调节接近电磁阀的单向节流阀就可以调节活塞右行的运动速度。

（7）实训完毕后,关闭泵,切断电源,待回路压力为零时,拆卸回路,清理元器件并放回规定的位置。

五、思考题

（1）进口节流调速和出口节流调速有何不同?

（2）试设计一个气动回路以实现双向调速。

六、单作用气缸的双向调速回路实训报告

单作用气缸的双向调速回路实训报告如表 2.4 所示。

表 2.4 单作用气缸的双向调速回路实训报告

姓名		班级		学号		组别	
实训目的							
实训设备及元件型号、工具准备							

续表

绘制实训原理图或写出 工作原理					
任务要点与操作步骤					
实训练习题					
实训考核结果	实训设备的使用	A	B	C	D
	技能训练操作	A	B	C	D
	实训报告填写	A	B	C	D
	回答现场提问	A	B	C	D
学生成绩			教师签字		
教师评语			日　　期		

2.2.4 双作用气缸的速度调节回路

一、实训目的

（1）熟悉单杆双作用气缸的内部结构、工作原理及职能符号。

（2）了解所用气动元件的结构及使用性能。

（3）掌握双作用气缸速度调节回路的应用条件及应用场合。

（4）通过该实训，可设计其他类似的速度调节回路。

二、实训器材

（1）QDA-01 型气动综合实训台。

（2）换向阀（电磁阀、手动阀等）。

（3）单杆双作用气缸。

（4）气动三联件。

（5）气管。

（6）三通、四通接头。

（7）空气压缩机。

（8）单向节流阀。

三、实训原理

本实训是利用单向节流阀对双作用气缸进行速度控制。如图2.5所示，当二位五通双电磁换向阀左边通电处于左位时，压缩空气通过左边的节流阀进入气缸的左腔，气缸右腔的空气经右边的单向阀再经电磁阀排入大气，气缸向右运动，其速度由左边的节流阀进行调节。当电磁阀右边通电处于右位时，气缸向左运动。

四、实训步骤

（1）根据实训图选择所用元件（双作用气缸、单向节流阀、二位五通双电磁换向阀、气动三联件、连接软管），检验元件的使用性能是否正常。

（2）看懂原理图之后，在实训台上搭建实训回路。

（3）将二位五通双电磁换向阀的电源输入口插入相应的控制板输出口。

（4）确认连接安装正确稳妥，把气动三联件的调压旋钮放松，通电，开启气泵。待泵工作正常，再次调节气动三联件的调压旋钮，使回路中的压力在系统工作压力以内。

（5）当电磁阀得电后，在图2.5所示位置，压缩空气通过气动三联件经过电磁阀再过单向节流阀进入缸的

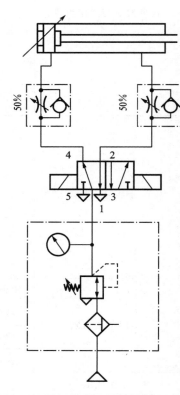

图 2.5 双作用气缸的速度调节回路

左腔,活塞在压缩空气的作用下向右运动。在此过程中,调节左边的单向节流阀的开口大小就能调节活塞的运动速度,实现了进口调速功能。

（6）当电磁阀右位接入时,压缩空气经过电磁阀再经过右边的单向节流阀进入缸的右腔,活塞在压缩空气的作用下向左运行。而在此过程中调节左边的单向节流阀就不再起作用,只有调节右边的单向节流阀才能控制活塞的运动速度。

（7）实训完毕后,关闭泵,切断电源,待回路压力为零时,拆卸回路,清理元器件并放回规定的位置。

五、思考题

（1）为什么说二位五通双电磁换向阀具有"记忆"功能?

（2）如果将图 2.5 中的单向节流阀换成节流阀,能否实现双向调速的功能?

六、双作用气缸的速度调节回路实训报告

双作用气缸的速度调节回路实训报告如表 2.5 所示。

表 2.5　双作用气缸的速度调节回路实训报告

姓名		班级		学号		组别	
实训目的							
实训设备及元件型号、工具准备							
绘制实训原理图或写出工作原理							

任务要点与操作步骤					
实训练习题					
实训考核结果	实训设备的使用	A	B	C	D
	技能训练操作	A	B	C	D
	实训报告填写	A	B	C	D
	回答现场提问	A	B	C	D
学生成绩			教师签字		
教师评语			日　期		

2.2.5　速度换接气动回路

一、实训目的

（1）熟悉本实训所用气动元件和辅助元件的结构、使用性能及工作原理。

（2）进一步熟悉 QDA-01 型气动综合实训台的使用方法。

（3）掌握速度换接回路的应用条件及应用场合。

（4）通过该实训，了解不同类型的速度换接回路的性能特点。

二、实训器材

（1）QDA-01 型气动综合实训台。

（2）二位单电磁换向阀（三通、五通等）。

（3）单杆双作用气缸。

（4）气动三联件。

（5）气管。

（6）三通、四通接头。

（7）空气压缩机。

（8）单向节流阀。

（9）接近开关。

三、实训原理

图 2.6 所示为速度换接回路。当主电磁阀处于左位时（主电磁铁通电），压缩空气经三联件、主电磁阀、单向节流阀进入气缸左腔，气缸右腔的空气经二位三通单电磁换向阀的下位、主电磁阀后排入大气中，气缸向右运动。当活塞杆接触到接近开关时，二位三通单电磁换向阀换至上位，气缸右腔的空气只能从单向节流阀排出。调节节流阀的开口就可调节气缸的速度，从而实现了从快速到慢速的换接。当主电磁阀断电换至右位时，可以实现快速退回。

四、实训步骤

（1）根据实训回路选择所用元件（单杆双作用气缸、单向节流阀、二位三通单电磁换向阀、二位五通单电磁换向阀、气动三联件、接近开关、连接软管），检验元件的使用性能是否正常。

（2）看懂原理图之后，在实训台上搭建实训回路。

（3）将二位五通单电磁换向阀和二位三通单电磁换向阀以及接近开关的电源输入口插入相应的控制板输出口。

（4）确认连接、安装正确稳妥后，把气动三联件的调压旋钮旋松，通电开启气泵。待泵工作正常后，再次调节气动三联件的调压旋钮，使回路中的压力在系统工作压力以内。

（5）主电磁换向阀得电时，压缩空气经过气动三联件、电磁换向阀、单向节流阀进入缸的左腔，活塞在压缩空气的作用下向右运动，此时缸的右腔空气经过二位三通单电磁换向阀再经过二位五通单电磁换向阀排出。

（6）当活塞杆接触到接近开关时，二位三通单电磁换向阀失电换位，右腔的空气只能从单向节流阀排出，此时只要调节单向节流阀的开口就能控制活塞运动的速度，从而实现了从快速

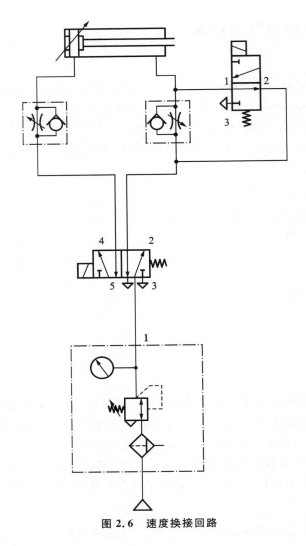

图 2.6　速度换接回路

运动到较慢运动的换接。

（7）当二位五通单电磁换向阀右位接入时，可以实现快速退回。

（8）实训完毕后，关闭泵，切断电源，待回路压力为零时，拆卸回路，清理元器件并放回规定的位置。

五、思考题

（1）若把二位三通单电磁换向阀换成二位三通行程阀，速度换接时的平稳性是否有所改善？为什么？

（2）试举例说明速度换接气动回路在实际中的应用。

六、速度换接气动回路实训报告

速度换接气动回路实训报告如表 2.6 所示。

表 2.6　速度换接气动回路实训报告

姓名		班级		学号		组别	
实训目的							
实训设备及元件型号、工具准备							
绘制实训原理图或写出工作原理							
任务要点与操作步骤							

实训练习题						
实训考核结果	实训设备的使用	A		B	C	D
	技能训练操作	A		B	C	D
	实训报告填写	A		B	C	D
	回答现场提问	A		B	C	D
学生成绩				教师签字		
教师评语				日　期		

2.2.6　单缸自动连续往复控制气动回路

一、实训目的

（1）熟悉本实训所用气动元件和辅助元件的结构、使用性能及工作原理。

（2）进一步熟悉 QDA-01 型气动综合实训台的使用方法。

（3）掌握单缸自动连续往复控制回路的应用条件及应用场合。

（4）通过该实训，了解气压传动在工业自动化系统中的广泛应用。

二、实训器材

（1）QDA-01 型气动综合实训台。

（2）三位五通双电磁换向阀。

（3）单杆双作用气缸。

（4）气动三联件。

（5）气管。

（6）三通、四通接头。

（7）空气压缩机。

（8）单向节流阀。

（9）接近开关。

三、实训原理

图 2.7 所示为单缸自动连续往复控制回路。当电磁阀左位得电后,压缩空气经过电磁阀过单向节流阀进入缸的左腔,活塞向右运动,当活塞杆靠近接近开关时电磁阀右位接入,压缩空气过电磁阀的右位和单向节流阀进入缸的右腔,活塞在压缩空气的作用下向左运行。

当活塞杆靠近左边接近开关时电磁阀换位,压缩空气进入缸的右腔,活塞又开始向右运动,从而实现自动连续往复运动。

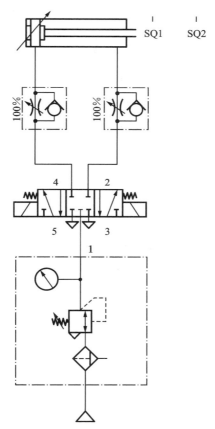

图 2.7 单缸自动连续往复控制回路

四、实训步骤

(1)根据实训需要选择元件(单杆双作用气缸、单向节流阀、接近开关、三位五通双电磁换向阀、气动三联件、连接软管等),检验元件的使用性能是否正常 。

(2)看懂原理图后,在实训台上搭建实训回路。

(3)将三位五通双电磁换向阀和接近开关的电源输入口插入相应的控制板输出口。

(4)确认连接安装正确稳妥,把气动三联件的调压旋钮旋松,通电,开启气泵。待泵工作正常,再次调节气动三联件的调压旋钮,使回路中的压力在系统工作压力以内。

(5)当电磁阀左位得电后,压缩空气经过电磁阀过单向节流阀进入缸的左腔,活塞向右运行,当活塞杆靠近接近开关时电磁阀右位接入,压缩空气过电磁阀的右位和单向节流阀进入缸的右腔,活塞在压缩空气的作用下向左运行。

（6）当活塞杆靠左边接近开关时电磁阀换位,压缩空气进入缸的右腔,活塞又开始向右运动,从而实现连续往复运动。

（7）实训完毕后,关闭泵,切断电源,待回路压力为零时,拆卸回路,清理元器件并放回规定的位置。

五、思考题

（1）图 2.7 中若三位阀换成二位阀,气缸能否实现中间任意位置停止动作?

（2）图 2.7 中气缸左右移动速度怎么调节?

六、单缸自动连续往复控制气动回路实训报告

单缸自动连续往复控制气动回路实训报告如表 2.7 所示。

表 2.7　单缸自动连续往复控制气动回路实训报告

姓名		班级		学号		组别	
实训目的							
实训设备及元件型号、工具准备							

续表

绘制实训原理图或写出工作原理					
任务要点与操作步骤					
实训练习题					
实训考核结果	实训设备的使用	A	B	C	D
	技能训练操作	A	B	C	D
	实训报告填写	A	B	C	D
	回答现场提问	A	B	C	D
学生成绩			教师签字		
教师评语			日　期		

2.2.7　双缸顺序动作气动回路

一、实训目的

（1）熟悉本实训所用气动元件和辅助元件的结构、使用性能及工作原理。

（2）进一步熟悉 QDA-01 型气动综合实训台的使用方法。

（3）掌握双缸顺序动作回路的应用条件及应用场合。

（4）通过该实训，了解气压传动在工业自动化系统中的广泛应用。

二、实训器材

（1）QDA-01 型气动综合实训台。

（2）三位五通电磁换向阀。

（3）单杆双作用气缸。

（4）气动三联件。

（5）气管。

（6）三通、四通接头。

（7）空气压缩机。

（8）接近开关。

三、实训原理

图 2.8 所示为双缸顺序动作气动回路。当左侧电磁阀左位得电,压缩空气进入左缸的左

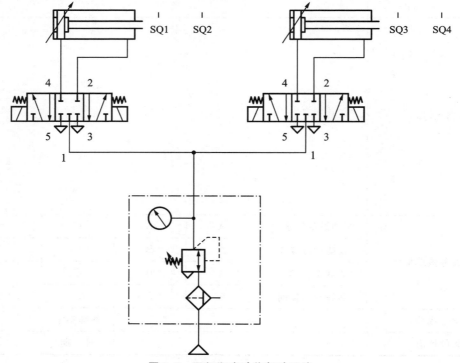

图 2.8　双缸顺序动作气动回路

腔,使活塞向右运动;此时的右缸因为没有气体进入左腔而不能动作(假设气缸初始位置均在最左边)。

当左缸活塞杆靠近左接近开关 SQ2 时,控制右边电磁阀得电迅速换至左位,从而右边气缸实现向右运动,当其移动到 SQ4 时,控制左电磁阀得电换至右位,左气缸实现向左返回,当其返回到 SQ1 时,控制右电磁阀得电换至右位,从而右气缸也返回,当其返回到左侧 SQ3 时,又使左边电磁阀通电,从而继续完成下一个循环顺序动作。

四、实训步骤

(1)根据实训需要选择元件(单杆双作用气缸、接近开关、三位五通电磁换向阀、气动三联件、连接软管),检验元件的使用性能是否正常。

(2)看懂原理图之后,在实训台上搭建实训回路。

(3)将电磁换向阀和接近开关的电源输入口插入相应的控制板输出口。

(4)确认连接安装正确稳妥,把气动三联件的调压旋钮旋松,通电开启气泵。待泵工作正常,再次调节三联件的调压旋钮,使回路中的压力在系统工作压力以内。

(5)当左侧电磁阀左位得电,压缩空气进入左缸的左腔,使活塞向右运动;此时的右缸因为没有气体进入左腔而不能动作(假设气缸初始位置均在最左边)。

(6)当左缸活塞杆靠近左接近开关 SQ2 时,控制右边电磁阀得电迅速换至左位,从而右边气缸实现向右运动,当其移动到 SQ4 时,控制左电磁阀得电换至右位,左气缸实现向左返回,当其返回到 SQ1 时,控制右电磁阀得电换至右位,从而右气缸也返回,当其返回到左侧 SQ3 时,又使左电磁阀通电,从而继续完成下一个循环顺序动作。

(7)实训完毕后,关闭泵,切断电源,待回路压力为零时,拆卸回路,清理元器件并放回规定的位置。

五、思考题

(1)此回路改变两个气缸动作顺序是否困难?

(2)在气动设备上,如何降低排气的噪声大小?

六、双缸顺序动作气动回路实训报告

双缸顺序动作气动回路实训报告如表 2.8 所示。

表 2.8　双缸顺序动作气动回路实训报告

姓名		班级		学号		组别	
实训目的							

实训设备及元件型号、工具准备							
绘制实训原理图或写出工作原理							
任务要点与操作步骤							
实训练习题							
实训考核结果	实训设备的使用	A		B		C	D
	技能训练操作	A		B		C	D
	实训报告填写	A		B		C	D
	回答现场提问	A		B		C	D
学生成绩					教师签字		
教师评语					日　期		

2.2.8　高低压转换气动回路

一、实训目的

（1）熟悉本实训所用气动元件和辅助元件的结构、使用性能及工作原理；

（2）进一步熟悉 QDA-01 型气动综合实训台的使用方法；

（3）掌握高低压转换回路的应用条件及应用场合；

（4）通过该实训，了解高低压转换回路在工业自动化系统中的应用。

二、实训器材

（1）QDA-01 型气动综合实训台。

（2）二位五通双气控换向阀、行程阀、单向阀。

（3）双杆双作用气缸。

（4）气动三联件。

（5）气管。

（6）三通、四通接头。

（7）空气压缩机。

（8）减压阀。

三、实训原理

图 2.9 所示为减压阀和行程阀联合控制的一种高低压转换气动回路。当气控阀处于左位

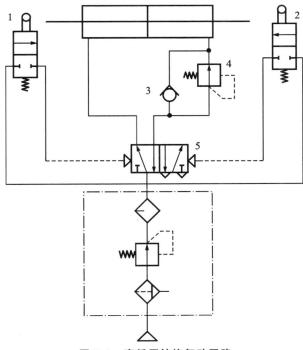

图 2.9　高低压转换气动回路

时,压缩空气经气控阀左位进入气缸左腔,气缸右腔气体经单向阀及气控阀左位后排出,气缸向右运动;当活塞压下行程阀时,压缩空气经行程阀2作用于气控阀,使其换至右位,压缩空气经气控阀右位再经过减压阀进入气缸右腔,气缸向左运动;当活塞压下行程阀1时,气控阀换位,又开始重复第一个动作。

当活塞向右运动时,供给气缸压缩空气的压力为系统的调定压力(高压);当气缸向左运动时,其供给压力为减压阀减压后的压力(低压),从而气缸实现了高速快进和低速返回。

四、实训步骤

(1)根据实训需要选择元件(双杆双作用气缸、减压阀、双气控阀、气动三联件、行程阀、单向阀、接近开关、连接软管)。

(2)理解实训原理图之后,在实训台上搭建实训回路。

(3)确认连接安装正确稳妥,把气动三联件的调压旋钮旋松,通电开启气泵。待泵工作正常后,再次调节气动三联件的调压旋钮,使回路中的压力在系统工作压力以内。

(4)当气控阀处于左位时,压缩空气经气控阀左位进入气缸左腔,气缸右腔气体经单向阀及气控阀左位后排出,气缸向右运动;当活塞压下行程阀时,压缩空气经行程阀2作用于气控阀,使其换至右位,压缩空气经气控阀右位再经过减压阀进入气缸右腔,气缸向左运动;当活塞压下行程阀1时,气控阀换位,又开始重复第一个动作。

(5)当活塞向右运动时,供给气缸压缩空气的压力为系统的调定压力(高压);当气缸向左运动时,其供给压力为减压阀减压后的压力(低压),从而气缸实现了高速快进和低速返回。

(6)实训完毕后,关闭泵,切断电源,待回路压力为零时,拆卸回路,清理元器件并放回规定的位置。

五、思考题

(1)减压阀何时处于减压状态?当其处于非减压状态时,其出口压力取决于什么?

(2)单气控阀和双气控阀在使用上有什么区别?

六、高低压转换气动回路实训报告

高低压转换气动回路实训报告如表2.9所示。

表2.9 高低压转换气动回路实训报告

姓名		班级		学号		组别	
实训目的							

续表

实训设备及元件型号、工具准备					
绘制实训原理图或写出工作原理					
任务要点与操作步骤					
实训练习题					
实训考核结果	实训设备的使用	A	B	C	D
	技能训练操作	A	B	C	D
	实训报告填写	A	B	C	D
	回答现场提问	A	B	C	D
学生成绩			教师签字		
教师评语			日　期		

2.2.9 气动逻辑阀的应用回路

一、实训目的

（1）熟悉本实训所用气动元件和辅助元件的结构、使用性能及工作原理。

（2）进一步熟悉 QDA-01 型气动综合教学实训台的使用方法。

（3）掌握逻辑阀应用回路的应用条件及应用场合。

（4）通过该实训，了解气动逻辑阀在工业自动化系统中的广泛应用。

二、实训器材

（1）QDA-01 型气动综合教学实训台。

（2）单气控二位五通阀、手动换向阀、二位三通电磁换向阀。

（3）单杆双作用气缸。

（4）气动三联件。

（5）气管。

（6）三通、四通接头。

（7）空气压缩机。

（8）或门逻辑阀。

三、实训原理

图 2.10 所示为气动逻辑阀的应用回路。当切换手动阀时，压缩空气经手动阀作用于或门逻辑阀使单气控阀上位接入，压缩空气经单气控阀的上位进入气缸的上腔，气缸伸出。当手动阀换位时，单气控阀在弹簧力的作用下复位，压缩空气进入缸的下腔使其缩回。当二位三通电磁阀得电时，压缩空气经过二位三通电磁阀，或门逻辑阀作用于单气控阀，使其上位接入，压缩空气经气控阀的上位进入气缸的上腔，气缸伸出。当电磁阀失电时，单气控阀在弹簧的作用下复位，压缩空气进入缸的下腔使其缩回。

四、实训步骤

（1）根据实训需要选择元件（单杆双作用气缸、单气控阀、或门逻辑阀、手动换向阀、二位三通电磁阀、气动三联件、连接软管），检验元件的使用性能是否正常。

（2）理解原理图之后，在实训台上搭建实训回路。

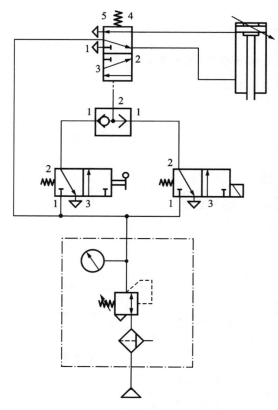

图 2.10 气动逻辑阀的应用回路

（3）将二位三通电磁换向阀的电源输入口插入相应的控制板输出口。

（4）确认连接安装正确稳妥,把气动三联件的调压旋钮旋松,通电开启气泵。待泵工作正常后,再次调节气动三联件的调压旋钮,使回路中的压力在系统工作压力以内。

（5）当切换手动阀时,压缩空气经手动阀作用于或门逻辑阀使单气控阀上位接入,压缩空气经单气控阀的上位进入气缸的上腔,气缸伸出。当手动阀换位时,单气控阀在弹簧力的作用下复位,压缩空气进入缸的下腔使其缩回。

（6）当二位三通电磁阀得电时,压缩空气经过二位三通电磁阀,或门逻辑阀作用于单气控阀,使其上位接入,压缩空气经气控阀的上位进入气缸的上腔,气缸伸出。当电磁阀失电时,单气控阀在弹簧的作用下复位,压缩空气进入缸的下腔使其缩回。

（7）实训完毕后,关闭泵,切断电源,待回路压力为零时,拆卸回路,清理元器件并放回规定的位置。

五、思考题

（1）本回路中或门逻辑阀起到什么作用？若换成与门逻辑阀可以吗？

（2）常见的手动换向阀的定位方式有哪几种？

六、气动逻辑阀的应用回路实训报告

气动逻辑阀的应用回路实训报告如表 2.10 所示。

表 2.10　气动逻辑阀的应用回路实训报告

姓名		班级		学号		组别	
实训目的							
实训设备及元件型号、工具准备							

续表

绘制实训原理图或写出工作原理						
任务要点与操作步骤						
实训练习题						
实训考核结果	实训设备的使用	A	B	C	D	
	技能训练操作	A	B	C	D	
	实训报告填写	A	B	C	D	
	回答现场提问	A	B	C	D	
学生成绩				教师签字		
教师评语				日　期		

2.2.10　双手操作安全气动回路

一、实训目的

（1）熟悉本实训所用气动元件和辅助元件的结构、使用性能及工作原理。

（2）进一步熟悉 QDA-01 型气动综合实训台的使用方法。

（3）掌握双手操作安全回路的应用条件及应用场合。

（4）通过该实训,了解双手操作安全回路在工业自动化系统中的应用。

二、实训器材

（1）QDA-01 型气动综合实训台。

（2）单气控二位五通阀、手动换向阀。

（3）单杆双作用气缸。

（4）气动三联件。

（5）气管。

（6）三通、四通接头。

（7）空气压缩机。

（8）单向节流阀。

三、实训原理

图 2.11 所示为双手操作安全气动回路。当同时切换两手动阀至左位时,压缩空气经手动换向阀左位作用于单气控阀使其切换至左位;此时压缩空气经气控阀和单向节流阀进入气缸的左腔,气缸伸出。

只要有一个手动换向阀复位,则气控阀在弹簧力的作用下复位到右位,气缸缩回,从而对操作人员起到保护作用。

四、实训步骤

（1）根据实训需要选择元件（单杆双作用气缸、单向节流阀、单气控二位五通阀、手动换向阀、气动三联件、连接软管）,检验元件的使用性能是否正常。

（2）理解实训原理图之后,在实训台上搭建实训回路。

（3）确认连接安装正确稳妥,把气动三联件的调压旋钮旋松,通电开启气泵。待泵工作正常,再次调节气动三联件的调压旋钮,使回路中的压力在系统工作压力以内。

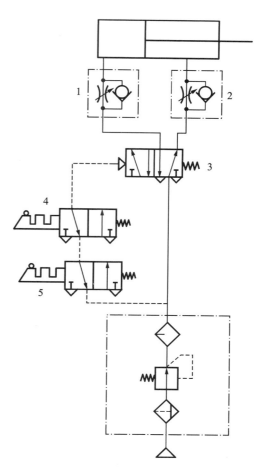

图 2.11　双手操作安全气动回路

（4）当同时切换手动阀至左位时,压缩空气经手动换向阀作用于单气控阀使其左位接入;此时压缩空气经气控阀、单向节流阀进入气缸的左腔,气缸伸出。

（5）只要有一个手动换向阀复位,则气控阀在弹簧力的作用下复位到右位,气缸缩回。

（6）实训完毕后,关闭泵,切断电源,待回路压力为零时,拆卸回路,清理元器件并放回规定的位置。

五、思考题

（1）如果实训回路中采用按钮形式的手动阀,则两只手需同时按下,气缸才向右运动,若换成手柄形式的手动阀呢?

（2）图 2.11 中单向节流阀起到什么作用? 如果不加单向节流阀,可以吗?

六、双手操作安全气动回路实训报告

双手操作安全气动回路实训报告如表 2.11 所示。

表 2.11 双手操作安全气动回路实训报告

姓名		班级		学号		组别	
实训目的							
实训设备及元件型号、工具准备							
绘制实训原理图或写出工作原理							

任务要点与操作步骤					
实训练习题					
实训考核结果	实训设备的使用	A	B	C	D
	技能训练操作	A	B	C	D
	实训报告填写	A	B	C	D
	回答现场提问	A	B	C	D
学生成绩			教师签字		
教师评语			日　期		

◀ 2.3 气动综合实训 ▶

2.3.1 气压连续往复动作回路

一、实训目的

(1)熟悉本实训所用气动元件和辅助元件的结构、使用性能及工作原理。

(2)进一步熟悉 QDA-01 型气动综合实训台的使用方法。

(3)掌握连续往复动作回路的应用条件及应用场合。

(4)掌握利用行程阀控制的往复回路的实现方法。

二、实训器材

(1)QDA-01 型气动综合实训台。

(2)二位五通单气控换向阀、二位两通行程阀、二位三通手动阀。

(3)单杆双作用气缸。

(4)气动三联件。

(5)气管。

(6)三通、四通接头。

(7)空气压缩机。

三、实训原理

图 2.12 所示为一单缸连续往复动作回路,能完成连续的动作循环。当按下阀 1 的按钮后,阀 4 换向,活塞向前运动,这时由于阀 3 复位将气路切断,使阀 4 不能复位,活塞继续前进。到行程终点压下行程阀 2,使阀 4 控制气路排气,在弹簧作用下阀 4 复位,气缸返回,在终点压下阀 3,阀 4 换向,活塞再次向前,实现下一个循环的连续动作。待提起阀 1 的按钮后,阀 4 复位,活塞返回而停止运动。

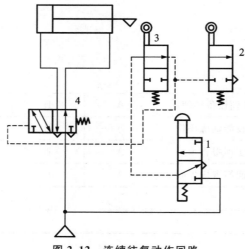

图 2.12 连续往复动作回路

四、实训步骤

（1）根据实训需要选择元件（单杆双作用气缸、二位五通单气控换向阀、二位两通行程阀、二位三通手动阀、气动三联件、连接软管等），检验元件的使用性能是否正常。

（2）看懂原理图后，在实训台上搭建实训回路。

（3）确认连接安装正确稳妥，把气动三联件的调压旋钮旋松，通电，开启气泵。待泵工作正常，再次调节气动三联件的调压旋钮，使回路中的压力在系统工作压力以内。

（4）当按下阀1的按钮后，阀4换向，活塞向前运动，这时由于阀3复位将气路切断，使阀4不能复位，活塞继续前进。到行程终点压下行程阀2，使阀4控制气路排气，在弹簧作用下阀4复位，气缸返回，在终点压下阀3，阀4换向，活塞再次向前，实现下一个循环的连续动作。

（5）待提起阀1的按钮后，阀4复位，活塞返回而停止运动。

（6）实训完毕后，关闭泵，切断电源，待回路压力为零时，拆卸回路，清理元器件并放回规定的位置。

五、思考题

（1）写出图2.12所示的连续往复动作回路的工作原理。

（2）使用行程开关和电磁阀，试设计一种连续往复动作回路。

六、气压连续往复动作回路实训报告

气压连续往复动作回路实训报告如表2.12所示。

表 2.12　气压连续往复动作回路实训报告

姓名		班级		学号		组别	
实训目的							
实训设备及元件型号、工具准备							
绘制实训原理图或写出工作原理							

任务要点与操作步骤					
实训练习题					
实训考核结果	实训设备的使用	A	B	C	D
	技能训练操作	A	B	C	D
	实训报告填写	A	B	C	D
	回答现场提问	A	B	C	D
学生成绩				教师签字	
教师评语				日　期	

2.3.2 气动教学搬运机械手演示

一、实训目的

（1）能够读懂气动机械手气压传动系统原理图。

（2）了解气动机械手在工业中的应用和发展状况。

（3）了解气动机械手气压传动系统的组成，能够分析各元件在系统中的作用。

（4）掌握 PLC 编程及控制方法，了解 PLC 与气动技术结合是实现工业自动化的一种重要手段。

二、实训设备介绍

图 2.13 所示为一种新型的气动教学搬运机械手。了解和使用机械手对机电一体化、数控技术、模具设计与制造及汽车维修等专业的学生具有重要的意义。机器人或机械手所应用到的技术在工业自动化生产中占有重要的地位，以机器人或机械手作为机电方面学习的典型实训设备有其不可替代的优点。教学机械手可以广泛应用在机械制图、测绘、气动技术、单片机原理与应用、PLC 与电气控制、计算机控制技术等课程的工程教学与实训中，教学效果十分理想。

该模型是仿实物注塑机机械手，在结构上同实物几乎完全相同，是用于学习气动技术与 PLC 技术的有力设备。其不但可以用于 PLC 实训室，也可以在气动实训台用作副台，还可以独立使用。它可完成上下、左右运动及旋转、抓紧等动作，配合传感器一起使用，使得该设备成为不可多得的实训室设备。

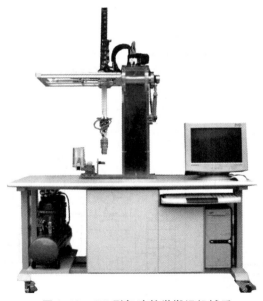

图 2.13　QK 型气动教学搬运机械手

三、主要参数

外形尺寸:800 mm×500 mm×1720 mm。

可编程控制器:三菱 FX1N-40MR 主机(继电器输出型)。

电源:输入 AC 220 V、输出 DC 24 V。

空气压缩机(基本配置小型机)功率:360 W。

公称容积:10 L。

额定输出气压:0.7 MPa。

四、气动机械手参考示意图及其气动回路

气动机械手参考示意图如图 2.14 所示,气动机械手气动回路如图 2.15 所示。

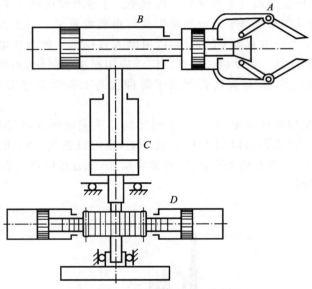

图 2.14　气动机械手参考示意图

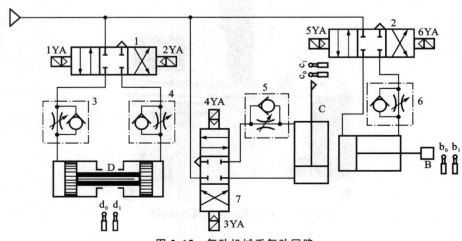

图 2.15　气动机械手气动回路

五、思考题

（1）在气动机械手气动回路中，所有的三位四通阀均采用 O 型中位机能，有什么作用？

（2）如何改变四个气缸的动作顺序？

（3）气动机械手和液压机械手适用场合有何不同？

六、气动教学搬运机械手演示实训报告

气动教学搬运机械手演示实训报告如表 2.13 所示。

表 2.13　气动教学搬运机械手演示实训报告

姓名		班级		学号		组别	
实训目的							
实训设备及元件型号、工具准备							

绘制实训原理图或写出 工作原理	
任务要点与操作步骤	
实训练习题	

实训考核结果	实训设备的使用	A	B	C	D
	技能训练操作	A	B	C	D
	实训报告填写	A	B	C	D
	回答现场提问	A	B	C	D

学生成绩		教师签字	
教师评语		日　期	

附　　录

◀ 附录 A　液压传动实训注意事项 ▶

（1）实训时，因表面油腻元件容易脱手，注意稳拿轻放，务必不能掉下，以防伤人。组装回路时，元件之间的管道连接要确保可靠，否则加压后可能喷油或造成伤害事故。

（2）实训之前必须熟悉元器件的工作原理和动作的条件，掌握快速组合的方法，绝对禁止强行拆卸，不能强行旋扭各种元件的手柄，以免造成人为损坏。

（3）严禁带负载启动（要将溢流阀旋松），以免造成安全事故。学生实训时，系统压力不得超过额定压力。

（4）学生实训之前一定要了解本实训设备的操作规程，在实训老师的指导下进行，切勿盲目进行实训。回路装好后，一定要经过老师检查，确认无误后，方可启动液压泵（低压启动）。做完实训后，关闭泵（低压关闭）及切断电源。

（5）学生实训过程中，发现回路中任何一处有问题时，应立即切断泵站电源，并向指导老师汇报情况，只有当回路释压后才能重新进行实训。

（6）实训中的接近开关为感应式，开关头部距离感应金属 4 mm 之内即可感应发出信号。

（7）实训过程中，每个小组必须按实训要求完成所规定的动作，理解实训回路原理，并能够解决实训时出现的问题。

（8）实训完毕后，要清理好元器件，注意做好元器件的保养和设备台面的清洁。整理完毕后，报告实训老师进行检查打分。

（9）每次实训结束后要当场完成实训报告，经过老师签字后方可离开实训室。课程结束前将实训报告交到教师办公室。

◀ 附录 B 气压传动实训注意事项 ▶

（1）因实训元器件结构和用材的特殊性，在实训的过程中务必注意稳拿轻放，防止碰撞；在回路实训过程中确认安装稳妥无误才能进行加压实训。

（2）做实训之前必须熟悉元器件的工作原理和动作条件；掌握快速组合的方法，绝对禁止强行拆卸，不要强行旋扭各种元件的手柄，以免造成人为损坏。

（3）实训中的行程开关为感应式，开关头部距离金属 4 mm 之内即可感应发出信号。

（4）请不要带负载启动（气动三联件上的减压阀旋钮旋松），以免损坏压力表。

（5）学生做实训时不应将压力调得太高（压力一般在 0.3～0.8 MPa 之间）。

（6）学生使用本实训系统之前一定要了解气动实训准则，了解本实训系统的操作规程，在实训老师的指导下进行，切勿盲目进行实训。

（7）学生实训过程中，发现回路中任何一处有问题时，应立即关闭气泵和减压阀，只有当回路泄压后才能重新进行实训。

（8）实训台的电气控制部分为 PLC 控制，要充分理解掌握电气原理图，才可以对电路进行相关的连接。

（9）实训完毕后，要清理好元器件，注意元件的保养和实训台的整洁。

参考文献 CANKAOWENXIAN

［1］韩学军,宋锦春,陈立新.液压与气压传动实验教程［M］.北京:冶金工业出版社,2008.

［2］杨莉华,王光福.液压与气压传动实训教程［M］.成都:电子科技大学出版社,2009.

［3］王文深,王保铭.液压与气动［M］.北京:机械工业出版社,2009.

［4］路甬祥.液压气动技术手册［M］.北京:机械工业出版社,2002.

［5］雷天觉.液压工程手册［M］.北京:机械工业出版社,1990.

［6］YZ-02 型智能液压传动综合实训台产品说明书.昆山巨林科教实业有限公司.

［7］QDA-01 型气动综合教学实训台产品说明书.昆山巨林科教实业有限公司.